Better Storage,
Bigger House.

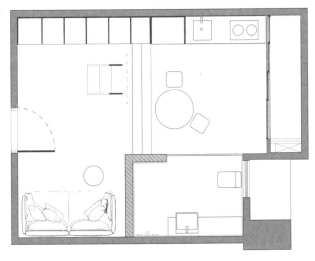

入口層
Entrance
level

小坪數

收納設計全書

東販編輯部　著

CONTENTS

CONTENTS

櫃設計

**收納櫃設計這樣做，
既省空間又收得乾淨**

尺寸做對了，
小宅不壓迫還有雙倍收納

空間設計暨圖片提供｜新澄設計

小住宅最令人困擾的問題就在於空間不夠用。想要能放得下家具、收納各種物品，又得留出寬敞空間不擁擠。在這樣的前提下，小空間的設計最重視的就是擴增坪效，在一坪的空間裡做出雙倍收納效果，也因此對櫃體尺寸要特別斤斤計較，確保不會浪費任何空間。以下針對各種櫃體提出如何因應小空間調整尺寸，並置入設計巧思，讓小宅一坪也不浪費。

玄關櫃

小坪數居家受限坪數，大多沒有劃設出獨立玄關，又或者即便有玄關，空間也很狹小。但回到家，必定有收納鞋子、鑰匙、包包，甚至雨具的需求，對應空間條件，玄關櫃要不佔空間、高收納量，又不妨礙走動，因此對於鞋櫃的尺寸選擇難度加倍，往往成為小宅屋主最頭痛的一大難題。

玄關櫃作用主要是收鞋子，若有多餘空間，則會另外再發展出包包、外套收納區。依人體工學尺寸來看，男女鞋子大小不會大於 30 公分，從收納鞋子角度出發，鞋櫃約 32 至 35 公分的深度即足夠，若要收進鞋盒，深度就要做至 40 公分。鞋櫃面寬依現有空間所能規劃的合理範圍，以 90 至 100 公分最為恰當，因為門片的寬度約會是 45 至 50 公分左右，當人在玄關打開鞋櫃門片時，可留有舒適走道空間。空間不足，愈要最大限度完全利用，因此多會採用頂天立地的設計擴增收納量，鞋櫃內部建議採用活動式層板，因應收納狀況隨時調整。

■ 空間設計暨圖片提供｜新澄設計

空間設計暨圖片提供｜十一日晴空間設計

你該知道的關鍵櫃設計——
櫃子這樣做才好用！

POINT
1

鞋櫃尺度與位置順應玄關大門

鞋櫃本身的寬度、深度，除了取決於欲收納的物品數量，也要考量到玄關的面積與大門位置。鞋櫃與大門的配置大致可分成平行、垂直兩種。以鞋櫃與大門平行的配置來看，大門寬度約在 100 至 120 公分左右，開門後的旋轉半徑要有 100 至 120 公分，加上需留出人站立在鞋櫃前的寬度，建議鞋櫃與大門之間至少要有 180 公分的距離，以免門片互相打架。鞋櫃與大門垂直的配置，為了避免大門開啟時與鞋櫃碰撞，鞋櫃與門片間需留出 5 公分左右的距離，建議可在地面設置門擋，幫助固定大門。為了不妨礙走道，鞋櫃門片開啟方式是設計重點，雙開門設計鞋櫃，寬度建議 100 公分左右最為恰當，門片打開旋轉半徑約 50 公分，比較不會阻礙走道。櫃體寬度若超過 100 公分，建議改成滑門，平移使用不佔空間也能留出完整走道。

POINT
2

除了鞋子，擴增收納功能

空間設計暨圖片提供｜砌貳設計顧問工作室

多功能玄關櫃建議納入可收納衣物、信件、鑰匙等小物品區域，一入門就能將所有物品收乾淨。而要收好這些零碎小物，要先瞭解物品尺寸，才能做出適當安排。首先，確認鞋子配置，鞋子高度約在 10 公分上下，層板間距約為 15 公分較有餘裕；若有長靴、馬丁靴等中高筒鞋款，可視鞋子種類適度增加層板高度。衣物寬度約 60 公分，以小坪數玄關空間來看，多半收不進去，建議不如捨棄衣架，改成較節省空間的掛鉤，不只衣物，包包也能收。

空間設計暨圖片提供｜新澄設計

窄型玄關，櫃體深度可縮減至 20 公分

玄關擺進櫃體勢必佔據走道空間，且有礙於進出的行走順暢，而依據人體工學尺寸，走道 65 至 70 公分為舒適的理想寬度。小宅為了保留最大生活空間，即使隔出玄關，也多是寬約 90 公分的狹長型空間，再放進 32 至 35 公分深的鞋櫃，最多留下約 55 公分的走道寬度，相對就會變得更加擁擠。對應窄長型玄關，建議可縮減櫃體深度，最小可縮至 20 公分深。隨著深度縮減，內部層板改成斜面設計，每層層板間距高度相對拉高，層板數量會隨之減少，想維持一定收納量，可將櫃體改為頂天立地的設計爭取垂直空間，其中 170 至 180 公分是最合適的黃金收納高度。

懸空 15 至 20 公分，降低視覺沉重

小坪數玄關最要避免空間壓迫感，但櫃體不論如何必具備一定份量，也因此容易造成視覺上的壓抑，此時可將櫃體懸空 15 至 20 公分，有如懸浮在空間的櫃體，看起來輕巧無負擔，下方留出的空間不浪費，可擺放拖鞋或鞋子。此外，也可利用門片設計，製造視覺輕盈感，像是改用百葉門片或在門片貼上鏡面，透過減輕厚重感與光線反射效果，有效增加小空間開闊性。

■ 空間設計暨圖片提供｜晟角製作設計

電視櫃

對客廳這個屬於全家人主要活動的區域來說，最重要的收納空間就屬電視櫃。由於是家人最常使用的空間，視聽娛樂、閱讀、日常生活都聚集在此，不只要收視聽設備，也要將書本、文件等各種生活日用品一併收進去，因此電視櫃的好用與否、收納量的大小就成了設計最不可忽視的重點。

一般來說，電視櫃的設計要先從人體工學來看，當你坐著看電視時，人的坐高約落在 115 至 120 公分左右，加上沙發高度約是 45 公分高，因此電視位置在視線往下 5 至 10 公分最符合人體工學，並建議電視下緣離地高度與沙發高度對齊，看電視時脖子才不容易痠疼。若把電視放在櫃子上，電視櫃高度建議至少 45 公分。空間小又想有更多收納，電視櫃可以頂天立地做設計，做滿整面電視牆，中央留出壁掛電視空間，下方放置視聽設備，兩側依需求作為書櫃、儲藏櫃使用。不過做滿整面牆可能造成空間壓迫，因此在設計與材質選擇上，最好更細緻思考與規劃，以免滿足收納卻影響空間感。

空間設計暨圖片提供＿新澄設計

空間設計暨圖片提供｜十一日晴空間設計

你該知道的關鍵櫃設計──
櫃子這樣做才好用！

POINT 1

縮減尺度，留 40 公分深即可

以往視聽櫃大多需留出 45 公分左右的深度，才放得下電視，所幸在現代科技的進步下，視聽設備外型也愈趨輕薄短小，市面上的 DVD 機、機上盒大約為 20 公分深，遊戲機則是 30 公分左右，也因此可以縮減櫃子尺寸，留出更多生活空間。一般搭配輕薄視聽設備，前後加上散熱與電線的放置空間，只要留出 40 公分櫃深就已經足夠，如預期要裝設高級視聽設備，建議預留至少 60 公分深為佳，因為這些設備規格不一較難預知尺寸。至於櫃體寬度應比電視寬，視覺上多出電視 1/3 至 2/3 寬的比例最好看，以 50 吋電視來說，電視機寬度約 110 公分，搭配約 150 公分寬的櫃體最為合宜。

POINT 2

■ 空間設計暨圖片提供｜新澄設計

層板高度 20 公分最省空間

若只是單純收納視聽設備，建議選矮櫃即可，適宜的高度約落在 40 至 60 公分左右，櫃內層板高度多是根據設備高度與數量而定，建議層板間距高度留至 20 公分，若無法事先確定品牌、機種，以進一步確認實際機器高度，層板可不鎖住固定，採用移動式層板設計，方便隨時調整使用。若設備數量少，不妨捨棄厚重櫃體，直接改用層板收納，視覺上會顯得更輕盈。櫃體可分割出不同收納區備用，像是設計約 10 公分高的抽屜，方便收納文件、遙控器等雜物，或留出 20 公分高的層板收納急救箱、裁縫箱等日常用品。

■ 空間設計暨圖片提供│爾聲空間設計

POINT

3

以物品最大尺寸設計高櫃

小坪數空間要用到極致，若想增加收納，可在電視機兩側牆面發展出高櫃，此時視聽設備不用硬性收在下方電視櫃，可連同書本等雜物，一併收在側邊高櫃。由於收納空間增加，便可根據不同收納物品與使用習慣，找出更恰當的收納位置。考量到同時收進各種物品，尺寸大小難以統一，這時可以物品最大尺寸作為基準；一般來說，45 公分深的高櫃，不論書本或視聽設備都合用。視聽設備收納區可配合抽板五金，抽拉使用上更方便，也有助於事後檢修設備。高櫃通常設定為 180 至 200 公分高，比較方便好拿，若想擴增收納量，不妨再拉高櫃體尺度做至頂天，增加使用範圍。

POINT

4

層板縮減深度，不撞頭不妨礙視線

在避免空間變得擁擠前提下，電視機上方還想擴增收納，建議以層板或開放層架取代封閉櫃體，視覺上相對顯得輕鬆寬敞。不過採用開放式收納，在收納物品選擇上，要先做好計劃，以免造成畫面雜亂又堆積灰塵，失去了空間的簡潔俐落。電視機上方的收納層架建議以擺放書本或擺飾為主，因此層架深度約在 18 至 20 公分左右即可，這樣的深度可避免佔用太多空間，也不用擔心撞到頭，相對安全。

■ 空間設計暨圖片提供│一葉藍朵設計家飾所

延伸設計
TIPS

\ 這樣做最省空間 /

　　小住宅中常看到旋轉電視牆設計，也就是只利用一根支架固定電視，省略隔間設置，且可獲得最大空間使用效率。此時電視櫃多半與其他櫃體合併，像是鞋櫃或書櫃等，透過減少櫃體數量，讓出多餘坪數，空間可有效擴大。而視聽設備電線就藏在旋轉軸架，向上進入天花內部，延伸至櫃體，外觀上就顯得俐落乾淨。

　　若想省空間，不妨試試合併櫃體的方式。同時，減少視聽設備的數量或選用輕薄機款，也可達到節省空間目的。

\ 這樣做最好收 /

　　視聽櫃擺放位置大多偏低，事後檢修設備不便，建議層板可改用五金抽板，方便拉出檢查。而且蹲低起身的動作對長輩來說較為不易，若家中有長輩，不妨拉高視聽設備擺放位置，放在 120 至 160 公分的黃金收納區，讓長輩使用更為順手。

　　有些人為了視覺美觀，會增加門片遮擋設備，但卻可能會讓設備無法接收到遙控器指令。想美觀與收納兼顧，建議改用上掀門片或左右滑門的設計，隨時想使用就開啟門片，平時也能關起來，讓空間視覺更為乾淨俐落。

■ 空間設計暨圖片提供｜新域設計

■ 空間設計暨圖片提供｜大秫設計

廚櫃

　　有各式尺寸刀叉、瓶罐、鍋具、餐具的廚房，往往是收納問題的重災區，要收的物品數量多且尺寸不一，本來就難以歸類收整，尤其在使用空間不足的情況下，規劃就更困難。想要收得乾淨，又不防礙平時使用，除了著重櫃體尺寸設計外，搭配五金協助，就能在用盡每一寸空間的同時滿足使用需求。

　　從廚櫃配置來看，小宅以一字型與 L 型廚具設計最省空間。一字型廚具所需深度約 60 至 65 公分，這是因為需安裝瓦斯爐與水槽的緣故，再加上方便進行料理的走廊寬度為 75 公分，整體佔據的空間深度最多為 140 公分。若空間條件允許，可增設成 L 型廚具，多出短邊櫃體擴增收納。廚櫃尺寸要從人的身高、手的長度等因素考量，進行備料、料理動作時，下櫃離地高度建議在 82 至 88 公分，上方可增設吊櫃，吊櫃與下櫃間距約 70 公分為佳，備料烹煮時才不會被吊櫃遮擋視線，舉手也碰得到吊櫃下層收納區。

空間設計暨圖片提供｜新澄設計

空間設計暨圖片提供｜
爾聲空間設計

櫃子這樣做才好用！

你該知道的關鍵櫃設計

POINT
1

電器櫃深度
至少 45 公分

設置電器櫃時需考慮電鍋、微波爐等設備的尺寸，電鍋體積小，預留 25 公分立方空間即可；微波爐、烤箱尺寸較大，面寬約有 35 至 40 公分，高度約 30公分上下，深度要在 40 公分左右，同時四周得加上散熱空間。根據居家常用電器大小來看，電器櫃至少需有 45 公分的深度，層板間距可依電鍋、微波爐高度略做調整，並預留至少 5 公分散熱距離。為了留出更多收納空間，電器櫃多採用高櫃設計，常用的電鍋、微波爐安排在櫃體中段，約離地 100 至 170 公分處，使用才順手，固定層板可加入五金改為抽拉設計，盛飯、加熱會更便於使用，也方便事後檢修。

POINT
2

吊櫃最多可做 35 公分深

除了規劃下櫃，一般多會增設吊櫃擴增收納，以善用上方空間。吊櫃尺寸多為高 50 至 58 公分，若有收納大餐盤需求，深度可做至35 公分，櫃體內部安排，建議採用活動式層板，方便依據收納物品靈活調度，櫃體面寬則是配合下櫃寬度而定。吊櫃高度多半離地150 至 155 公分，即使身材嬌小也很好拿取。若收納不足，不妨將吊櫃尺度拉高，搭配升降五金設計，既能提升收納量，也方便物品拿取。

■ 空間設計暨圖片提供｜十一日晴空間設計

POINT 3

窄短一字型廚房最省空間

在空間坪數不足的情況下，建議採用一字型廚房配置，是最簡單且不佔空間的安排。而想更節省空間，多半得從廚櫃深度與長度下手，但因受限瓦斯爐和水槽，深度無法縮減，不妨改為縮減廚櫃長度。基本廚櫃配置包含水槽、備料區、瓦斯爐三大部分，水槽寬度約 50 公分，備料區建議 80 至 100 公分較有餘裕，瓦斯爐則是依設備尺寸而定。此外，水槽與瓦斯爐兩側會多留 40 至 60 公分作為分裝食材和暫放餐盤的區域。若想節省空間，可捨去水槽旁分裝食材區，中央備料區不建議小於 50 公分，瓦斯爐可改為尺寸較小的兩口爐或電陶爐，瓦斯爐一側若靠牆，與牆面間最少留出 30 公分距離，在烹煮時大尺寸鍋具也才有餘裕擺放。

■ 空間設計暨圖片提供｜新澄設計

POINT 4

依收納物品尺寸配置下櫃

廚櫃需留出收納餐盤、鍋具、刀叉區域，建議好好規劃下櫃的收納格尺寸，讓櫃體獲得有效利用。可順應烹調動線與收納物品的尺寸來思考，像烹調常用的調味瓶罐，可安排在瓦斯爐下方一側，收納格寬度 10 公分上下，高度在 15 公分即可收納，至於刀叉、鍋鏟，甚至是餐盤杯具，則規劃約 15 公分高的淺層抽屜，較大且重的鍋具，建議放在底層，一般會留出 25 至 30 公分高的空間。在收納設計上，可加入五金提升便利性，像是廚櫃深度約 60 公分，位於深處的物品會不易拿取，建議捨棄層板，改用拉籃五金，收納物品便能一目瞭然。

■ 空間設計暨圖片提供｜砌貳設計顧問工作室

延伸設計
TIPS

\ 這樣做收納加倍 /

　　由於廚櫃尺寸有制式規則，因此規劃時總會留有無法完全使用的畸零空間，不妨透過五金擴增收納量，可安排 10 至 15 公分寬的側拉籃，放置乾貨、存糧，不浪費任何空間。除了畸零區，吊櫃與下櫃之間的牆面也不可忽視，這裡是烹煮最常使用的黃金收納區，像刀具、鍋鏟等器具利用掛架收納，不僅擴增收納空間，大方掛出成為展示擺飾的一環，在備料烹調時也能立即拿取使用。

　　此外，廚房走道若有 75 公分寬，建議可在牆面增設層板收納，深度建議在 15 公分，能收納調味罐、淺盤等物品，也留出 60 公分寬的走道，在不影響行走的舒適性下，有效提升收納量。

\ 這樣做最好收 /

　　L 型或ㄇ字型廚具配置，最要注意的就是轉角處，轉角深度較深，有足夠的空間可收納，一般分成前後兩排，但這種收納方式容易阻擋視線，忽略後方物品，且有時深度太深，會留下無法使用的區域，其實沒想像中好收。因此轉角處不妨利用蝴蝶轉盤或是俗稱小怪獸的拉籃，讓空間充分利用，轉盤的尺寸多半較大，餐盤、杯具，甚至大型鍋具都能收整乾淨。

　　吊櫃上層往往也是難以使用的區域，尤其又有一定的深度，一般嬌小的女性或是長輩看不到吊櫃深處的物品，也不易拿取。建議可安裝下拉式抽籃或電動升降五金，一抽拉就能使用，乾貨、調味料都能一目瞭然。

■ 空間設計暨圖片提供｜一葉藍朵設計家飾所

書櫃

　　小宅空間小，有時無法獨立隔出書房，因此，除了書房外，也常見書櫃安排於客廳；另外，基於使用便利性，有些主婦媽媽會希望在靠近廚房位置，也能有收納食譜書的區域。除了位置上的安排，書本是收納物品中佔據整體體積較大的類型，尤其藏書豐富的人，更需要擁有專屬的獨立書櫃，因此小住宅要如何善用空間安排書櫃就成了需要解決的難題。

　　一般來說，書櫃收納量取決於內部層板的安排，精確依照書本高度配置層板間距，能避免空隙產生，藉此獲得最大的收納量。而書櫃深度多在 28 至 35 公分之間，整體寬度建議在 60 至 90 公分，這是因為書本重量重，層板跨距在 60 至 90 公分內較能有效支撐重量，設計超過 90 公分寬的跨距，層板可能會凹陷而出現微笑曲線，因此若想要書櫃寬度更寬又不凹陷，建議每層層板之間加上直立的支撐柱，或是加厚層板厚度，以便有效支撐。

■ 空間設計暨圖片提供｜欣琦翊設計

空間設計暨圖片提供｜
PSW 建築設計事務所

你該知道的關鍵櫃設計

櫃子這樣做才好用！

POINT 1

依照不同書本尺寸
留出層板高度

想讓書本獲得有效收納，要先了解書的基本尺寸。一般書籍高度約在 15 至 18 公分高、25 公分寬以內，雜誌、原文書分別是 25 公分、30 公分高，寬度則有 30 公分左右，書櫃內部層板依照各種書本尺寸分類收納，分別可安排 25、35 公分高的層板間距。由於大型書本寬度較寬，為了符合收納需求，深度多半會做至 35 公分深，若沒有雜誌、原文書，深度 28 至 30 公分深即可，想更節省空間，可省略櫃體背板，改為鏤空書櫃設計，縮減層板厚度。

POINT 2

區分上下櫃，有效收納書本與設備

若有在家辦公，書櫃除了收納書本，也得留出文件盒、事務機的空間。一般來說，文件盒深度在 30 至 32 公分，印表機則有 45 至 50 公分深，因此建議至少要有 55 至 60 公分深，並預留設備電線與散熱空間。若統一採用深 60 公分的書櫃較為浪費，建議可區分上下兩櫃，上櫃以書本收納為主，深度在 35 公分左右，下櫃較深可安排事務機、文件盒，辦公所需的文件紙張或文具，可安排收進抽屜，一般來說抽屜高度約在 15 至 20 公分之間。

■ 空間設計暨圖片提供｜大秫設計

POINT
3

開放書架層板深度因地制宜

小坪數沒有多餘空間可收納書本，若數量不多，不妨捨棄櫃體改以層板收納，書架位置較不受限，電視牆、沙發背牆、床頭牆都能有效利用，同時也能減少落地櫃體數量，不佔據空間坪數，讓出多餘使用空間。但要注意不同區域的層板深度與高度需有所變化，像是沙發背牆設置書架層板，建議層板深度 20 公分內為佳，高度距離沙發 100 公分高左右，以免起身站立撞到；在廊道設置層板，要控制在 15 至 20 公分內，留出至少 60 公分廊道寬度，才不影響行走。

■ 空間設計暨圖片提供｜十一日晴空間設計

POINT
4

置頂高櫃擴增收納量

當空間條件允許，像是挑高小住宅，可利用牆面高度設計一整面置頂書牆，有效擴增收納量。一般來說，書櫃高度多在 180 公分，這是身材嬌小的人也能很好伸手拿取的高度，若想再往上拉高，可利用梯子輔助。若不想向上發展，也可利用挑高優勢，將空間分成上下兩層，像是架高臥室，上方作為臥寢需求，下方則留給書本使用，獲得更大收納空間。

■ 空間設計暨圖片提供｜ PSW 建築設計事務所

延伸設計
TIPS

\ 這樣收最省空間 /

　　使用坪數不足，不如向上發展，利用天花牆面設計吊櫃、層板收納，吊櫃設計可安排在電視牆、玄關處等區域，與電視櫃、鞋櫃合併使用，有效利用上方空間，也不會有太多櫃體分佈，視覺顯得雜亂。

　　書本數量不多，可在牆面設計約 5 至 8 公分深的層板，改變書本排列方式，改以封面示人，平行展示書本，在不佔據過多空間的情況下，有效擴增收納，書封設計也可能作為空間展示的一環，視覺效果顯得豐富有趣。

\ 這樣做收最多 /

　　書本數量多但空間不足，不妨參照租書店的設計，採用雙層書櫃，藉此大大提升收納量。

　　設計雙層書櫃時，建議精簡櫃體深度，以最大有效利用為考量，因此建議安排前後兩層不同深度，像是漫畫、小說開本較小，可安排在前排，深度僅需 16 公分左右即可，尺寸較大的書本則安排在後排，留出 20 公分深的空間，再加上層板厚度，整體書櫃約在 40 公分深，雖然比起一般的書櫃約多 5 公分的深度，卻能多出雙倍的收納量。

■ 空間設計暨圖片提供│一葉藍朵設計家飾所

衣櫃

當空間坪數不足，大多會著重放大客廳、餐廳等公共區域，相對壓縮臥房空間，而若要留有收納就會顯得更為侷促，加上衣物、棉被可說是收納物品的大宗，收納數量和體積不少，因此得善加利用臥房空間，爭取更多收納量。由於人體寬度約在 52 至 55 公分上下，衣服寬度平均約 55 公分，考量到衣物吊掛，加上櫃體底板與門片厚度，衣櫃深度會達到 60 公分，高度可做到 210 公分高，採用頂天設計，擴增收納空間。

衣櫃擺放位置、門片設計方式，與床鋪間間距有密切關係，一般衣櫃多會安排在床鋪尾端或側邊，不論哪一側都要留出 60 公分以上的行走寬度。若廊道間距僅有 60 公分，建議衣櫃改以滑門或不裝門片的設計，行走或拉開抽屜才有餘裕。若想放置雙開門衣櫃，衣櫃與床鋪的距離至少有 100 公分才恰當。

空間設計暨圖片提供｜新澄設計

空間設計暨圖片提供｜新域設計

你該知道的關鍵櫃設計

櫃子這樣做才好用！

POINT 1

櫃體向上下
爭取收納空間

衣櫃不只是收納衣物，也要有收棉被、行李箱等空間，因此規劃衣櫃時，制式高度最多可做到 210 公分，為了擴充收納量，可向上做到頂天高度，需有椅子、梯子輔助才能收納的區域，這裡建議收納換季衣物、棉被等不常用的物品。此外，收納量不足，也可考慮在臥房四周牆面靠近天花處安裝層板，或是在床底下方加裝櫃體，利用更多方式爭取更多收納空間。

POINT 2

■ 空間設計暨圖片提供｜築川設計

分門別類，精確分配吊掛與層板高度

想獲得最大收納量，衣櫃內部配置得謹慎安排，合理分配每寸空間。衣櫃可分成吊掛區、層板區、拉籃抽屜區，人體方便拿取高度在 65 到 180 公分高，吊掛區建議離地 180 公分即可，通常吊掛高度可分成 T 恤、襯衫的短衣類、外套的長衣類，短衣區的吊掛高度建議在 80 公分、長衣區則至少需有 130 公分以上，不妨安排上下兩層短衣區，短衣區間還有餘裕可留出 15 公分高的抽屜。層板區可收納折疊衣物，層板間距高度可配置 15、30、40 公分幾種不同高度，15 公分區可收襪子、領帶等小物件，30 公分收圍巾、帽子等，40 公分則放置棉被，透過精準分配達到空間有效利用。

■ 空間設計暨圖片提供｜新澄設計

捨去櫃框與門片省空間

有時臥房有樑柱阻擋，產生畸零空間，規劃上就更為不易，且影響衣櫃大小，此時不妨捨棄櫃體與門片，改以鏤空層架與吊桿收納，藉此減少櫃體、門片厚度節省空間，不浪費畸零地帶。由於沒有既定櫃體框架，收納尺寸必須更精確，離地 180 公分處可安排吊桿，衣服由短至長整齊擺放，短衣區下方可安排抽屜櫃，讓空間物盡其用。基於人體工學的考量，離地 65 公分就要彎腰或蹲下拿取衣物，建議 65 公分以下區域改為抽屜，拉開一目瞭然，也更便於拿取。

床頭櫃做 20 公分深即可

除了在床尾、床邊兩側設置衣櫃，若仍有需要收納的物品，可考慮在床頭增設吊櫃擴增收納。考量到壓樑問題，在床頭上方增加櫃體的同時，建議床頭與牆面之間也一併增設底櫃，睡覺時不會有來自上方的壓迫感，也不會在起床時不慎撞到吊櫃。一般床頭空間深度大多較淺，建議做到 20 至 25 公分左右，可作為枕頭、棉被收納區。而吊櫃與底櫃中段可鏤空，當作手機、書籍、水杯的暫時置放區。

■ 空間設計暨圖片提供｜一葉藍朵設計家飾所

延伸設計
TIPS

＼ 這樣做最省空間 ／

當臥室空間空間窄小，床鋪與牆面距離小於 60 公分，僅能放得下床鋪，沒有多餘空間留給衣櫃，建議可善用高度設置懸浮吊櫃。

吊櫃位置以放在床尾處最佳，吊櫃距離床的高度需有 50 公分以上，這樣的距離較為安全，即便吊櫃與床鋪略有交疊，也不會有碰撞或感到壓迫的疑慮；當空間不足，吊櫃也可改為安排在床頭上方，吊櫃與床頭高度建議拉高至 60、70 以上，才不顯得壓迫。此外，也不要浪費樑上空間，適時設置層板，既不佔據空間坪數，也能讓收納量提升。

＼ 這樣做收最多 ／

衣櫃裡的衣服永遠少一件，總是有大量衣物需要收納，還有包包、襪子、領帶這種難以歸類的小物件，想要妥善分類收好，不妨透過五金有效利用空間。

以褲子來說，可安裝抽拉褲架，將褲子對折收納，而領帶、皮帶可捲起，利用內附多格的淺層抽屜收好，若數量少，則改用抽拉式掛鉤。同時可利用下拉式五金吊掛衣物，拉高吊掛區高度，下方就有多餘空間作為抽屜使用。此外，若預算上充裕，吊掛衣物可改用旋轉式衣架收納，比起一般櫃體可多收 1.5 倍的衣物量。

■ 空間設計暨圖片提供 | 新澄設計

妙用設計，多了收納空間，沒了壓迫感

■ 空間設計暨圖片提供｜十一日晴空間設計

小住宅為了擴大收納機能，往往會在一些不容易注意的地方偷空間，其中樓梯下方、架高地板等，是最常被拿來活用成收納的區域。此外，房子不可避免的樑柱，造成不完整的畸零空間，也是小宅拿來變身收納的重點區域，既能擴充機能，也消弭樑柱帶來的銳角視覺，撫平空間線條，讓小房子看起來俐落平整，進而有放大空間感。

樓梯

台灣住宅形式常見挑高小住宅，在單層面積小的情況下，利用高度擴展空間，完善生活機能，此時會在住宅中設置樓梯，利用樓梯串聯擴增使用區域。然而樓梯量體龐大，佔據空間坪數，生活上真正使用到的卻僅有樓梯梯面，樓梯下方留出的三角立方空間閒置不用未免可惜，於是在寸土寸金的小宅裡，這裡就成了收納必爭之地。

在規劃樓梯下方的收納空間時，得先了解樓梯的基本尺寸，一般整個樓梯寬度 75 公分以上，踏階高度 20 公分以下，踏階深度至少需有 21 公分以上，才是符合法規的標準尺寸。因此若想將樓梯側面設計成收納，首先樓梯尺寸要依法規規定，而從既有合理尺寸來看，樓梯寬度可說等同於櫃深，深度至少會有 75 公分，這樣的深度對收放物品來說過深，因此在設計時，應要適時加入門片、抽屜等不同設計，以增加物品拿取便利。

■ 空間設計暨圖片提供｜新澄設計

■ 空間設計暨圖片提供｜一葉藍朵設計家飾所

你該知道的關鍵櫃設計

櫃子這樣做才好用！

POINT
1

依照樓梯形式與位置決定收納範圍

一般來說，樓梯多半沿牆面設置，若樓梯旁仍留有廊道或站立空間，從樓梯側牆做收納，能使用到完整的樓梯下空間，相對可獲得較大的收納量，不論是切割成層板或做抽拉籃都有足夠的站立空間開啟櫃體。但若格局限制下，樓梯位於兩道牆面的中央，這時收納範圍便被侷限，僅能從踏階下方設計，收納空間縮小許多。因此若想擴增收納，建議不妨一開始就規劃好樓梯位置，讓空間獲得更大的利用價值。

POINT
2

最高和最低處改為抽屜收納，使用更方便

樓梯收納也須符合人體工學設計，適合拿取的高度在 65 至 180 公分之間。以踏階高度 18 公分來計算，從第一階到第三階階梯位置較低，離地約 54 公分，需蹲低才能使用，因此建議前三階改從踏階正面設置抽屜，提高使用便利。此外，挑高小住宅，整體樓梯高度取決於夾層高度，在 4 米的樓層高度下，可安排 2 米以上的夾層，表示收納櫃最高可做到 2 米以上，愈後面的樓梯高度愈高，若樓梯超過 180 公分，最後幾階建議改為從踏階正面設置成抽屜。

■ 空間設計暨圖片提供｜砌貳設計顧問工作室

善用五金，擴增收納量

一般樓梯寬度會做至 100 公分，但空間不足的話，則會縮減至 80 至 90 公分。在整體樓梯高度允許下，不妨改為儲藏室，方便人進出使用，若樓梯高度不足，建議改成櫃體形式，但以 90 公分寬的樓梯為例，會造成櫃體太深難以運用，在這樣的情形下，櫃體深度建議做到 60 公分才好拿取，剩餘的 30 公分無法利用，相對浪費空間。因此若有足夠預算，以使用五金改為抽拉櫃，一拉開所有物品一目瞭然，空間也能完全利用，有效擴增收納量。

■ 空間設計暨圖片提供｜一葉藍朵設計家飾所

以層板或鏤空層架規劃，使用更多元

由於樓梯下方實為是一個三角立方空間，在分隔切割時，最後都會留下三角的無用空間，建議可封起剩餘三角區域，方正的分隔收納讓視覺效果更加美觀。同時，若不想被樓梯的形式侷限，不妨捨棄封閉櫃體，改用鏤空層架、落地櫃收納物品。也可在樓梯下牆面增添層板，就能順應斜面階梯，完善利用空間，甚至可加上吊掛五金，作為收納衣物的區域，讓多餘的三角區域有效被利用。此外，若下方空間足夠，也可利用階梯搭配五金，收納腳踏車、滑板等大型物件。

■ 空間設計暨圖片提供｜PSW 建築設計事務所

畸零空間

建築結構是由樑柱所支撐，因此攤開平面圖來看，不會全部是簡潔方正的空間，會有柱體位於角落或中央阻礙空間的完整性，有時也會因為整體建築的設計，形成圓弧、斜角區域，或柱體之間、窗台下方留有窄小的空間，不但無法放入家具，也難以與其他空間串聯，成為一處棄之可惜的畸零地帶。這些畸零空間坪數通常不大，約在一坪內，但在寸土寸金的小坪數空間中，每一坪都要珍惜使用，發揮最大價值。

一般來說，若想善加應用畸零空間做收納，可藉由相同的櫃面設計拉齊立面，隱藏凹洞角落，打造俐落空間線條，有效擴大空間視覺不顯小。若畸零地帶的空間尺度比較大，可納入家具填滿空隙，同樣也是透過修整立面化解崎嶇感受。而有些斜角區域還是不易運用，這時建議可直接封牆劃出完整空間。

■ 空間設計暨圖片提供｜爾聲空間設計

你該知道的關鍵櫃設計

櫃子這樣做才好用！

POINT 1

以櫃面包覆柱體，
化解尷尬空隙

以樑柱作為支撐的建築空間裡，經常有厚重的柱體佇立其中，讓格局零碎，動線也窒礙難行。若想弱化柱體龐大感受，不妨順勢包覆柱體，並左右延伸拉出櫃體，依空間位置可設計為獨立電視牆、餐廳櫃牆等，藉此讓柱體消弭於無形，隱藏在櫃內。此外，柱體本身就有一定的厚度，不規整的立面因而造成尷尬的畸零地帶，不妨利用柱體深度拉出完整的櫃面設計，完美修飾整齊的立面，同時又能內藏收納，達到美觀與實用兼具的效果。

POINT 2

窗台下方納入臥榻，坐臥與收納兼備

經常可看到客廳、臥房多出一塊向外凸出的窗台，有些建築為了造型變化，採用八角、圓弧等窗台造型，形狀不規則，空間也相對窄短，距離客廳、臥房又有一段距離，難以串聯使用，因此多會設計成獨立空間，像是以臥榻設計填滿，以化解不規則的視覺感受，臥榻下方則會納入櫃體，不但多了一處悠閒的閱讀區，也兼備收納空間。進一步還能加入桌板，在側牆增加收納櫃，作為梳妝台或書桌使用，擴增多元使用機能。

POINT

3

斜角以櫃面修整，化零為整

有些建築受限於基地形狀，或是追求外觀造型的獨特，會出現斜角、圓弧轉角等不規則的格局，有時甚至會出現尖銳的三角區域，不方正的空間在視覺上較容易有狹隘感受，同時在規劃上也較難利用。一般來說，若斜角空間是大於 90 度的鈍角，通常會順應牆面設計收納，同時透過櫃體的修整讓空間形狀變得方正，有效擴大空間，而櫃內的深度通常不一致，可適時透過層板深度的調整拉齊視覺，或以吊掛收納掩飾。若為銳角的格局，則建議放棄三角地帶，利用層板封起修飾，拉出完整的立面空間。

■ 空間設計暨圖片提供│十一日晴空間設計

POINT

4

100 公分以上的凹洞，設計走入式儲藏室

有時畸零區的產生是因為本身格局不方正，由於建築設計的關係，讓空間出現結構性的凹洞，這些凹洞都是在空間中多出的尷尬區域。有些凹洞縱深與寬度較大，若超過 100 公分以上的深度，不妨改為儲藏室使用，人可直接走入儲藏室內收納物品。若凹洞較為窄小，則可當作壁龕設計、內嵌層板，若在衛浴空間則可放置沐浴用品，若在餐廳則能放置杯盤，便於收納物品，甚至可當作展示收藏，點綴空間視覺。

■ 空間設計暨圖片提供│十一日晴空間設計

延伸設計
TIPS

\ 這樣做最好用 /

遇到斜角、圓弧格局,除了利用櫃體包覆修飾空間外,這些特殊格局可直接利用家具順應空間形狀,並安排規劃使用頻率較低的空間,像是書房、衛浴等,避免長時間的壓抑感受。

舉例來說,多角形、圓弧形窗台,適合設計成臥榻或書桌做為閱讀區,甚至可順應窗台訂製沙發,打造獨立休憩場所。而銳角地帶則可安排下嵌式石砌浴缸,利用磁磚、石材鋪陳畸零區,同化視覺感受。

\ 這樣做最好收 /

當空間不方正的情況下,配置家具時總是會留出無法填滿的畸零地帶,除了可重新調整立面,消弭化整空間形狀外,也可從平面著手,透過一致的高度感受,有效整平空間視覺。

例如可架高地面,圍塑出方正領域,不僅完整平面的使用空間,有助於家具擺放,下方也可增添收納,不浪費任何空間。

■ 空間設計暨圖片提供|混混空間設計

■ 空間設計暨圖片提供|一葉藍朵設計家飾所

結構樑下

　　小宅想要看起來顯大，基本條件就是要讓空間線條乾淨俐落無死角，然而在樑柱支撐的結構下，除了柱體造成的零碎空間與不良動線外，厚重大樑也會造成崎嶇立面，壓低整體高度，妨礙空間視線，有時還有壓樑的風水問題。因此小住宅中為了閃避樑柱，多半利用櫃體包覆修飾大樑，修整空隙拉齊空間立面，將缺點轉為優點，化解崎嶇角落之餘，也能擴充收納。

　　而樑下櫃體的設計可依空間使用需求與大樑深度做變化，若需要收納的物品較少、體積小且樑體較淺，建議可以層板為主，藉以整平空間線條，又不會製造沉重、壓迫感。當大樑達到一定深度時，再改以封閉櫃體的設計會較為合適。不過樑下除了規劃成櫃體外，也可以善用空間設置家具，兼具複合功能。

空間設計暨圖片提供｜禹子設計

■ 空間設計暨圖片提供│欣琦翊空間設計

你該知道的關鍵櫃設計

櫃子這樣做才好用！

POINT
1

樑柱深度淺，
以層板為主

在考慮收納位置時，不妨以樑下空間為首要選擇，不論住宅坪數大小，都建議採用這樣的準則，這是因為厚實樑體會產生難以使用的畸零地帶，同時樓高也因而降低，因此樑下建議以櫃體收納，而非配置沙發、餐桌等生活區域。一般來說想要消弭畸零空間，可利用櫃體修整立面視覺，若樑體較淺，建議使用相同深度的收納設計，因此在 30 公分以內的樑體深度，建議以層板或鏤空層架做收納，避免櫃體門片吃掉收納深度，超過 30 公分以上則可利用封閉櫃體拉齊空間線條。

POINT
2

■ 空間設計暨圖片提供│大秝設計

沿樑下設置櫃體，兼備隔間機能

大樑橫亙在空間中時，相對會降低樓層高度，而像老屋整體樓高更低，又加上有大樑，空間壓迫問題會更為嚴重，所以最好避免在大樑下方設置家人經常待的沙發和桌椅。而在不可避免會有樑柱問題的情況下，不妨順應大樑規劃格局，並在下方設置頂天櫃體做為區隔，讓櫃體兼備收納與隔間機能，舉例來說，書房與臥室之間有大樑橫亙，可沿樑下設計書櫃，同時也作為公私領域的隔牆，又或者以大型落地衣櫥做為隔牆，作為兩間臥房的隔牆，既可省去牆壁厚度，也能納入衣櫥空間，擴大收納量。

3

設置床頭櫃體，解決壓樑

在臥室規劃櫃體與床鋪位置時，多半會避開在大樑下方配置
床鋪，以免有壓樑問題，但若不論擺哪裡都放不下床鋪，避
無可避的情況下，建議可微調床鋪位置遠離大樑，並在樑下
設計床頭櫃體，藉此化解壓樑問題。而床頭櫃體建議設計成
吊櫃，留出中段平台，方便放置零散小物。若想讓牆面視覺
更為一致，不妨將櫃體材質向上包樑修飾，讓整體立面乾淨
俐落。

■ 空間設計暨圖片提供｜爾聲空間設計

POINT
4

順應樑下深度，設計儲藏室

若樑體較為寬大，約有 50 公分深左右，不妨順勢
在樑下設計小型儲藏室，內部搭配層板收納，並透
過隱藏門的設計，巧妙與牆面合為一體。若有收納
大型物品需求，則可設計走入式儲藏空間，而走入
式的設計建議需有一定空間條件，樑體兩側需留有
可供人行走的空間深度，並沿樑體設置隔間區隔。
舉例來說，樑體後側留有 70 公分寬的空間，則可
沿樑體設置電視櫃，櫃體側面設置隱藏門，巧妙隱
藏儲藏室入口。

■ 空間設計暨圖片提供｜十一日晴空間設計

延伸設計
TIPS

\ 這樣做最好收 /

樑下設置收納櫃,得依照黃金收納法則,適宜收納高度最高在 180 公分,而一般系統櫃體制式高度可做到 210 公分,假設在 3 米 2 的空間中,扣掉樑體高度 60 公分、15 公分的樓地板高度,樑下空間淨高約為 245 公分,若要設計置頂的櫃子,多半會因為太高而無法使用,此時建議可採用包樑的形式降低使用高度,拿取物品更為順手方便。

\ 這樣做最好用 /

樑下除了可安排收納,也可在此配置家具,兼備複合機能。當空間較小的情況下,家具的尺寸和數量需有效控制,才能留出適當空間寬度,營造舒適感,因此若想節省空間,不妨將家具配置在樑下,像是配置桌椅,作為書房、梳妝台使用,有些甚至可收納鋼琴。更進階的設計是,再利用拉門設計隱藏,平時關起不用就能呈現完整立面。

■ 空間設計暨圖片提供 | 晟角制作設計

內凹牆櫃合一

　　空間中有柱體配置與受格局安排影響，再加上建築結構設計的關係，有時會出現結構性的內凹空間，呈現難以使用的畸零地帶。一般來說，內凹空間最常見於兩道柱體之間，或是柱體與隔間的空隙，有的是受建築外觀影響而產生的。為了讓空間線條看起來較為平整，通常會選擇在內凹處以櫃體做填滿，藉此拉齊立面，製造更為俐落的視覺效果。

　　不過有時為了做出格局上的配置、調動，因而產生內凹空間，而由於是經由人為造成，所以建議在設計前便可預先思考，要如何利用產生的內凹空間。若是提前規劃欲放入家具、設備等，此時便要先行確認尺寸、大小，以確實完美填滿空隙，呈現平整的空間線條，避免突出的視覺效果，也能有效放大空間。若深度不足，採用層板、掛鉤會是比較簡單，且可自行完成的方式。

■ 空間設計暨圖片提供｜十一日晴空間設計

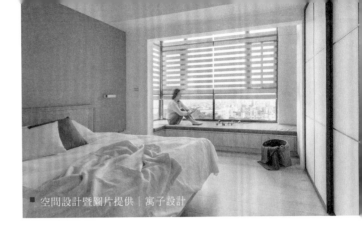

你該知道的關鍵櫃設計

櫃子這樣做才好用！

1

收納與家具合併設計

想讓小空間的坪效升級，就得發揮設計巧思，為空間創造出更多元的用途。內凹空間最常見被規劃成收納外，其實不妨可思考附加其他機能，為空間增添更多機能。像是位於窗邊的內凹空間，上方可安排收納，下方若加上書桌，便可讓書桌與收納櫃體連貫，賦予書房機能，或是設置為化妝桌，成為專屬的梳化區，若內凹空間的寬度足夠，甚至可設置臥榻，從立面到平面完整運用，當然臥榻下方再另外設計收納空間，讓空間坪效雙倍升級。

2

依凹洞深淺設計櫃體或儲藏室

想讓內凹空間更有效利用，在配置收納時，建議順應空間深度設置。像深度在 15 公分以內的內凹空間，建議加裝層板，透過開放層板的設計方便拿取物品，而空間深度在 30 公分以上才有足夠的深度設置封閉櫃體，避免門片厚度縮減收納空間。有些住宅的內凹空間深達 100 公分以上，不妨可直接設計走入式的更衣室或儲藏室，成為獨立的使用區域。

■ 空間設計暨圖片提供｜十一日晴空間設計

3

調整廊道牆面，內嵌收納

大部分的內凹牆設計多是人為因素調整，通常是透過隔間的移動，做出內凹空間，規劃成收納，便可獲得收納空間同時減少畸零地帶。尤其是當空間狹小的情況，若想在廊道設計收納，又得留出方便行走的走廊寬度，這時廊道牆面可進行微調，部分隔間後退形成內凹，並配置層板或櫃體，獲得充分收納量，空間也維持乾淨俐落的線條。

■ 空間設計暨圖片提供｜一葉藍朵設計家飾所

POINT

4

部分廚房隔間後退，便於放置冰箱

為了有效利用空間，同時獲得完善收納，在廚房裡經常會微調收納冰箱的牆面，這樣做的原因是關係到櫃體與設備尺寸的問題。一般廚櫃、電器櫃深度大約在 60 公分，冰箱體積較大，多半在 70 至 75 公分上下。若冰箱與廚櫃並排放置，則會凸出 10 至 15 公分，因而擠壓到廚房空間。因此在空間條件許可下，會微調牆面，後退 10 至 15 公分做出內凹空間收納冰箱，讓廚房廊道呈現筆直立面。

■ 空間設計暨圖片提供｜一葉藍朵設計家飾所

延伸設計
TIPS

＼ 這樣做最好收 ／

內凹空間設計櫃體時，可適時改變收納形式，讓拿取更為便利，像上方可採用開放層板的設計，放置常用物品，同時可透過收藏品、擺飾品點綴，豐富牆面視覺。

下方則可選用封閉櫃體，把握三分開放、七分隱藏的原則，適度隱藏雜亂物品，讓空間更為整齊。若想讓視覺更為輕盈，不如改用懸浮櫃設計，既能有效減輕量體沉重，也不影響收納量。

＼ 這樣做最好用 ／

當內凹空間的深度足以成為獨立儲藏室時，為了連貫使用動線，不妨透過格局變動，與其他空間串聯。像是與臥房合併做成更衣室，或是與書房結合，設置書櫃。

若無法與其他區域相連，建議門片可改用拉門或隱形門設計，巧妙讓外觀視覺與牆面統一，打造出完整的立面設計，藉此隱藏獨立空間的存在，以免讓空間視覺變得紛亂零碎。

■ 空間設計暨圖片提供｜十一日晴空間設計

■ 空間設計暨圖片提供｜一葉藍朵設計家飾所

百變多用，不只收納，
附加其他功能更好用

3

空間設計暨圖片提供｜新澄設計

在寸土寸金的小坪數空間中，單單只做收納往往會佔據太多空間，為了使用坪效，讓一物發揮多重功能，是小宅最常見的設計手法，並藉此獲得空間最大利用價值。其中最容易發展出複合功能的就是家具和隔牆，隔牆主要為區隔空間作用，而為了節省空間，便會讓牆櫃結合，兼顧界定與收納；至於家具則多採複合機能設計，藉此創造額外空間，獲得更多收納。

隔牆

隔間、家具、櫃體每一個落地的物體都會消耗空間坪數，尤其空間小，更要精簡設計，在有限範圍提升坪效，像是做為區隔空間的牆面，僅用來劃分領域未免太浪費空間，不如附加收納機能，在許可的條件下捨棄實體隔間，改以櫃體區隔，收納與界定領域合一，讓空間更有效利用。

不過要注意的是，並非每個隔牆都能改成櫃體作為空間區隔，像是會用到水的衛浴就不合適，同時若特別注重安靜的睡眠環境，對於噪音敏感、淺眠的人，臥房建議還是採用比櫃體隔音效果更好的實體隔牆。若在擴增收納量前提下，以櫃體作為臥室隔間，則建議加厚櫃體層板厚度，並填充兩層隔音棉，發揮一定隔音效果。

■ 空間設計暨圖片提供｜寓子設計

空間設計暨圖片提供｜一葉藍朵設計家飾所

你該知道的關鍵櫃設計——櫃子這樣做才好用！

POINT 1

半高櫃體劃分空間，又不阻礙視線

在狹長格局中為了不讓空間變小，多半利用家具隱形暗示各個領域的過渡，像是客廳、餐廚與書房之間，經常運用半高的電視牆作為區隔，設定約 150 公分上下的高度，有效隱藏餐廚的凌亂，上方穿透的視線也能保有原來的空間深度，有效擴大空間尺度，櫃體也可雙面使用，面對客廳可收納視聽設備，面對餐廚區則能收納餐盤，用途更為多元。另外不只在公共空間可使用半高櫃體，在臥房則可利用懸吊電視櫃區分出睡寢區與更衣室，電視櫃背面不妨增加掛架，賦予更多收納機能。

POINT 2

玄關櫃體可兼顧屏風機能

小坪數常見的問題在於一進門即會見到窗外美景，看似享受美景，卻隱含穿堂煞風水問題，所以很多人會利用玄關櫃體作為屏風隔間，巧妙遮掩視線，在維持收納的同時，不僅有效化解風水，也能劃分出玄關區域，界定與客廳的範圍，巧妙沉澱入門情緒，讓空間角色進行轉換。而為了不讓玄關顯小又陰暗，建議採用鏤空或懸浮櫃體的設計，引入光線並能減輕量體的沉重感。

■ 空間設計暨圖片提供｜混混空間設計

POINT

3

臥房採用雙面櫃設計，減少隔間厚度

在小住宅裡，無隔間設計最能有效擴大空間，但有房間數的隔間需求下，加上衣櫃佔據空間較大，不妨拆除相鄰臥房隔間，改以雙面使用的衣櫃區隔，相對減少隔間與櫃體底板厚度，在兼顧收納、劃分空間的同時，也能讓出餘白空間。一般來說，雙面衣櫃底板之間會填充兩層隔音棉，並增加底板厚度，讓隔間更為堅固，而衣櫃中央又有衣料和空氣層阻隔，也能有效吸音、降低聲音傳導，增加隔音效果。

■ 空間設計暨圖片提供｜爾聲空間設計

POINT

4

鏤空層架有效區隔，空間也不顯小

有些坪數小的小套房本身就沒有隔間的設計，但為了維持原有空間廣度，又要保有隱私，在書房或臥房空間可採用鏤空層架做隔間，利用收納物品巧妙遮擋視線，避免入門直視床鋪，達到收納、美觀、界定領域的三重功效。若想讓坪效大幅升級，鏤空層架不妨採用懸吊形式，或設計置頂櫃體，充分利用上方空間，擴增收納量。

■ 空間設計暨圖片提供｜寓子設計

家具

在空間平面有限的情況下，最容易遇到規劃空間的難題，像是哪些家具可買、哪些家具用不到，得要買多大的尺寸才能不佔空間又有足夠收納量，尤其只有收納機能的櫃體已經無法滿足收納需求，所以要發揮更多巧思創造多元用途。不論是採用量身訂製或者購買現成家具，建議不妨從複合機能出發，讓收納與家具結合，藉由家具一物多用達成減少佔據空間坪數目的，但該有的機能一點也不少。

一般多功能家具多為量身訂製，最常見的設計手法，就是具坐臥功能的臥榻，或者在櫃體內部暗藏桌椅、床鋪，或是桌椅下方有收納空間，甚至透過搭配五金，沙發可變身成床鋪，客廳一秒變臥室，而經由家具變化，也能瞬間轉換空間角色，使用不受侷限。現成的家具尺寸上會較難符合自家空間，因此不妨選用兼具收納功能的茶几、邊桌等小型家具，輔助收納瑣碎雜物，也能為空間製造清爽感。

■空間設計暨圖片提供｜新澄設計

你該知道的關鍵櫃設計

櫃子這樣做才好用！

臥榻下方
附加收納

不少人夢想在窗邊設置臥榻，打造一個悠閒休憩場所，然而對小空間而言這個夢想一點也不奢侈，不僅不浪費空間坪效，反而有助機能擴展。由於臥榻具備收納、坐臥，甚至可當睡床等多種用途，通常會設計約 35 至 45 公分高，下方可作抽屜或層板收納，深度約在 60 公分，足以容納一人，可供躺下但無法翻身，若想當作睡床使用，可擴大深度至 90 公分較為舒適。若有訪客過夜的需求，臥榻可安排在客廳或書房，有客人來訪時即能作為客房使用。

床鋪結合收納，擴增睡寢機能

為了有效利用空間，尤其是極需收納的臥房，不少設計是將腦筋動到床鋪，結合收納與睡寢機能，就像收納式掀床，利用油壓伸縮桿可將床鋪掀開，內藏收納，這種設計是以睡寢機能為主，收納為輔。另外還有一種是在櫃體設計下拉式掀床或在下方暗藏床鋪，利用滾輪方便抽拉，平時上方收納書本、衣物等，有需要時，下方拉出睡床就能使用，以收納為主，睡寢機能為輔，便於偶爾待客之用。除了掀床設計，也可將睡寢空間改為架高和室，利用離地高度規劃成收納，並混用上掀、拉抽等設計，讓收納更為好用便利。

■ 空間設計暨圖片提供｜築川室內裝修設計有限公司

POINT
3

附帶化妝桌檯,擴增機能

比起客廳、餐廳,臥房分到的面積多半相對縮減不少,在空間的侷限下,須安排床鋪、櫃體的配置,同時又要留出梳妝、書桌區的機能,空間就更顯得擁擠。此時得做出取捨,在不影響行走與空間舒適度情形下,將較少使用的梳妝區、書桌與櫃體合併。櫃內深度約為 60 公分,是恰好可作為單人使用的桌面深度,因此留出一個桶身的寬度,內部留出梳妝桌台,桌台下方再暗藏移動式的小椅子,方便抽拉移動。打開櫃門就能使用,平時能關起收藏,讓狹小的臥房空間擴大使用機能。

■ 空間設計暨圖片提供｜新澄設計

POINT
4

櫃體結合桌椅,釋出多餘空間

空間不足的情況下,有時得刪減家具數量,保有舒適開闊的空間,但為了不降低生活品質的需求,不妨將家具與櫃體合併,利用櫃內的空間搭配抽拉式五金輔助藏進桌椅,方便隨時調動,又不佔據空間坪數。最常見的就是在玄關處暗藏穿鞋椅,透過抽拉設計既不妨礙行走,也能維持乾淨。此外,也常在餐櫃設置抽拉式的餐桌,透過隱藏機能設計約能留出 60 至 80 公分見方的餘裕空間。另外也可直接從櫃體延伸出邊桌、穿鞋椅等機能,一體成型造型俐落又不佔空間。

■ 空間設計暨圖片提供｜湜湜空間設計

延伸設計
TIPS

\ 這樣做最好收 /

若想讓家具附帶收納功能，建議可將收納安排在較常使用的沙發、床鋪、臥榻底下，方便隨手整理物品。在規劃時，要注意收納便利性，像臥榻、沙發多有兩種收納方式，一種是將坐墊掀開、另一種是在下方設計抽屜，一般來說，抽拉式的收納比上掀式設計方便許多，人坐著即能隨手收納，無需移動。

但上掀式設計相對可容納的物品體積較大，可依照需求去抉擇。此外，在設計抽屜時，也要考量前方是否有其他家具阻擋，需留有一定寬度才方便拉開抽屜。

\ 這樣做最好用 /

善用五金讓家具的移動性、可調性變高，最常使用的是抽拉式五金，有助隱藏桌板、椅凳，具有可移動特性讓家具可隱藏於櫃內，像系統廚櫃經常搭配滾輪，讓部分的收納籃可單獨拉出，可放置鍋具或調味罐，透過移動的設計可隨時方便取用。

有時也會在櫃內暗藏抽拉桌板，創造更多備料或餐具的暫放空間。抽拉五金安裝較為複雜，須留出一定寬度與深度讓五金方便移動，且得反覆調整測試，讓家具獲得良好的反饋機制，才不易卡住。

■ 空間設計暨圖片提供│大秝設計

2

空間
收納技巧

活用空間條件，加入收納巧思，
空間不再亂糟糟

■ 空間設計暨圖片提供｜爾聲空間設計

玄關

擺脫狹窄困擾，
小空間也有大收納

　　小坪數居家空間，就算獨立出玄關空間，通常也偏狹窄，而因不易劃出玄關，多會選擇運用地坪相異材異來做為區域界定。不過空間無法獨立，在機能上仍需具備玄關收納鞋子、衣物、鑰匙、傘具等基本功能，以免原本就很窄小的空間顯得更雜亂。然而如何在小空間裡，滿足基本收納需求，並達成收整空間目的？一切的關鍵都在玄關收納櫃設計。一般來說，櫃體設計多從造型、尺寸上做考量，但在空間不足的情況下，仍需在玄關短暫進行鞋子、衣物穿脫，或整理儀容等行為，基於使用慣性，櫃子擺放位置、大門開啟方向與空間尺度等皆會影響到設計，因此要一併加入考量，以便恰如其分做好收納與空間規劃。

整合收納物品，一次收乾淨

進行玄關收納規劃時，大多從收納鞋子目的出發，但其實除了鞋子，平時外出常用的雨具、安全帽等，若依據動線來思考，收在玄關櫃最為合理。因此在規劃時，玄關收納建議仍可以鞋子為主，但可另外特別留出空間，來收納經常性使用的生活物品，讓櫃體使用更為合理、便利。而為了避免灰塵帶入室內，玄關一般會做出落塵區設計，材質多半易於清理，而用於清潔的掃除工具或掃地機器人等，容易沾染灰塵的物品，也很適合收在這裡。

確認收納順序，做對櫃設計

要在玄關規劃櫃體，鞋櫃是一般人的第一選擇，但若沒有那麼多鞋要收，此時建議可先思考，玄關櫃預期要收進哪些物品，由於空間有限，最好事先想好收納的重要先後順序。因為依據收納內容不同，收納櫃內部設計也會相應做出變化，像是單純收鞋子，會大量採用層板，若要收進各種不同生活物品，櫃內空間的安排，甚至收納形式的組合，就要全部一起做考量。雖然空間被拘限，但只要認清自身需求，不論大小都會是合乎需求的好用收納櫃。

■ 空間設計暨圖片提供｜爾聲空間設計

空間設計暨圖片提供｜葉藍朵設計家飾所

你該知道的收納技巧——
這樣收空間才乾淨！

POINT 1

懸空設計，收起拖鞋、常用鞋

為了避免窄小空間壓迫感，常見櫃體採用懸空設計，這種設計手法，除了想製造出輕盈效果外，下方留出的空間，也可用於擺放常用的鞋子或拖鞋，既可減少門片經常開啟的麻煩，不造成空間凌亂，也不會妨礙到出入行走。另外，若是獨立玄關，可在懸空處內安排間照，適度照亮玄關。懸空高度多會落在 20 公分上下，但若將懸空高度略為提高，可將時下居家常用的掃地機器一併收進去，不過設計前要做好機型確認，以計算適合懸空高度。

空間設計暨圖片提供｜晟角制作設計

POINT 2

增加拉抽，收納隨手小物

回家經常會用有鑰匙、信件等瑣碎小物需要收納，想在進門時一次收好，規劃鞋櫃時可留出空間做為抽屜設計，位置可視欲收納的物品做決定，如果是收納帳單、發票等物品，可安排在櫃體中段位置，符合一般慣性動作，且可設計成輕薄的拉抽以節省空間。若要收納備用拖鞋或者較大型物品，建議深度可做至約 40 公分，並規劃在櫃體最下端，這樣在收放時，不需蹲下只要彎腰即可。

巧思設計規劃平台好好收

不論是玄關空間,還是櫃體尺度,被侷限在
小坪數空間,更要發揮坪效最大值。若櫃體
實在無法挪出更多空間來收納雜物,又或者
不想要櫃體就像一面牆單調無趣,那麼不如
利用設計為櫃體做出造型上的變化,此時便
可利用造型設計做出平台空間,成為玄關隨
手收納,或者擺放家飾的台面。至於平台位
置安排沒有既定規則,通常會依照使用方
式、擺放物品的種類來做決定。

■ 空間設計暨圖片提供│砌貳設計顧問工作室

簡易掛鉤輕鬆收

若櫃體空間有限,也已無法再有多餘空
間,來規劃出衣物、包包收納時,此時不
妨選擇使用不需太大空間的掛鉤,輕鬆將
換下的衣服、包包等物品吊掛收納。若沒
有牆面可放置掛鉤,在櫃體門片把手加入
設計巧思,就能在節省空間的同時也具備
掛鉤機能。不過若是將門片把手當成掛鉤
使用,則不建議吊掛過重物品,以免影響
門片開闔,或導致櫃門損壞。

■ 空間設計暨圖片提供│大秝設計

實例應用

整合收納形式的多元收納櫃

由於並沒有大量的鞋子收納需求，因此櫃體結合拉抽、門片及開放層架等收納方式，以便收納鞋子、雜物外，也能擺放展示品。櫃體造型呼應空間北歐風元素，採用白色與原木材質，讓大面積的白製造櫃體輕盈感，少量原木點綴則為空間帶來溫度。

■ 空間設計暨圖片提供│砌貳設計顧問工作室

樓梯結合收納，劃設玄關機能

15 坪的小宅，原始格局面臨隔間分割零碎，一進門便是公共廳區，少了玄關的基本機能配置。藉由隔間的重新劃設，以樓梯拉出一道隔間，結合鞋櫃、層板牆面的規劃，巧妙區劃出半獨立的玄關場域，一方面也運用樓梯下的畸零結構打造儲藏空間。

■ 空間設計暨圖片提供│一葉藍朵設計家飾所

■ 空間設計暨圖片提供│湜湜空間設計

活用收納櫃創造玄關空間，
出入使用更方便

利用木作高櫃設置出玄關區，並做為餐廳收納櫃之用；頂天懸浮鞋櫃嵌入
地燈，讓櫃體看起來輕巧不笨重；餐廳收納櫃空出一個工作台面，以便用
餐時有充裕的收納碗盤空間，另一面可輔助鞋櫃，設置吊掛雨傘、衣帽，
加上一個中空的展示櫃，櫃體設計展現靈巧不呆板。

實例應用

雙層櫃界定空間滿足收納

為了盡量減少因櫃體厚度而佔據過多空間，以頂天高櫃取代隔牆，將客廳與玄關做出區隔，且考量到兩個空間皆需收納，雙面櫃使用比例略做出分配，前半部主要是玄關收納，來到玄關轉角位置不好利用，則讓給客廳使用，造型呼應古典風格元素，並選用清爽白色減少高櫃壓迫感。

▆ 空間設計暨圖片提供│晟角制作設計

貼牆與白色調型塑高櫃無壓感

玄關鞋櫃轉為面向客廳，以留出收納單車空間，牆面與鞋櫃間的空間也得以完全利用。頂天鞋櫃懸空設計，並以全白色調將櫃體隱於無形；玄關右側另以鏤空隔屏界定區域，巧妙從造型延伸出掛鉤，便於吊掛鑰匙、包包等物品。

▆ 空間設計暨圖片提供│大秝設計

空間設計暨圖片提供｜浞湜空間設計

多功能玄關收納櫃，
化解風水面面俱到

由於風水考量，在玄關處設計一個比大門寬的收納櫃，擋住能直接穿透整個空間的視線路徑，形成充滿創意又實用的天然屏風設計。玄關收納櫃寬度超過 120 公分，為了化解櫃體重量感，採取懸櫃設計，櫃體下方置入嵌燈，運用柔和燈光帶來輕盈空間感。梯行設計的玄關收納櫃機能一分為三，整合了鞋櫃、衣帽間、儲藏室用途，並利用木格柵設計降低視覺阻礙感，也讓衣物能通風，面對餐廳廚房之側，則能額外輔助餐廳的收納空間。

■ 空間設計暨圖片提供│十一日晴空間設計

客廳

收納分散，
回歸單純空間機能

在小宅有限的空間裡，客廳是整個家最大的空間，而為了維持這難得的開闊感，不管是量身訂製還是現成收納櫃，在櫃體尺度上都需特別留意，因為櫃體容易壓迫到空間，造成侷促感，因此在進行客廳收納規劃時，除了收納空間，櫃體的選擇也不容輕忽。客廳是全家人共同使用的公共區域，卻也因此難以做好收納，大多會認為是因為收納空間不足，但歸究真正原因，其實與收納方式及平時生活習慣有絕大關係。像客廳這種多人使用的區域，最容易因為使用的人多，收納物品相對變多，加上每個人收納習慣不同，因而造成無法貫徹收納原則，導至空間變得凌亂，又或者櫃子做了一堆卻又不好收。

減少個人物品，讓收納各自歸位

既屬於公領域，代表全家人會在這裡一起活動，家庭成員因此很容易將個人物品擺放、收納在客廳，於是原本不該收在客廳的東西就愈堆愈多，有再多收納空間都不夠用。為了避免收納物品增加，應先減少個人物品，讓個人物品各自收回各自的專屬領域，如此便可有效減少客廳雜物，且留下真正屬於該收在客廳如視聽設備等必需品，而要收納的東西變少，自然也不需要更多的收納空間了。

依據生活模式安排收納

空間裡的收納無法完全做到位，多是因為收納方式不合用，又或者有違平時生活習慣，讓收納變得困難不易完成。如何規劃出合用的收納空間又輕鬆做收納，建議一開始規劃時可先從家人生活模式與習慣思考起，先觀察家人生活模式，藉此可得知平時移動路線、使用習慣，然後再以此做為收納安排的參考。當收納變得容易，自然會提高收納意願，如此一來便能有效減少東西亂放，造成客廳凌亂的狀況。

■ 空間設計暨圖片提供│大秝設計

你該知道的收納技巧──這樣收空間才乾淨！

POINT 1

利用家具增加收納空間

小坪數居家最怕因為櫃體過多，讓原本就不大的客廳看起來變更小，因此除了必要的櫃體，若有更多收納需求，建議可選擇附帶收納功能的活動家具。像是茶几、邊桌，甚至市面上也有採上掀設計暗藏收納空間的沙發，都很適用於小坪數空間。挑選重點除了收納量，最好也將收納形式列入考量，開放式需特別注意收納的物品種類，收納時也需維持一定整齊度，封閉式則可隱藏物品，適合收無法歸整的零碎雜物。

POINT 2

活用牆面空間不浪費

為不讓櫃體造成空間壓迫感，又想保留客廳的寬敞感受，多會選擇適當留白牆面，避免空間被塞滿。但對小坪數居家來說，若仍想利用留白牆面增加收納的話，會建議以掛鉤或開放式層架來擴增收納空間，既不會增加視覺負擔，又能保留牆面餘白效果；不過開放式收納，收納物品要細心挑選過，盡量擺放造型輕巧的展示品、擺飾，達成收納目的又可表現個人生活品味。

打造收納力強大的電視牆

客廳是全家生活重心，東西物品相對比其他空間多，想要收乾淨最好的方法就是盡量將物品集中收納，而最常見的就是打造一面結合收納的電視櫃牆，將影音視聽設備、生活物品，統統收在一起。不過空間小，整面櫃牆容易產生壓迫感，建議採隱藏和展示收納方式並用，透過加裝門片或使用分隔收納盒，將遙控器、電池等雜物全部隱藏，至於收藏品、書本、DVD 等可收在開放區域，展現生活感。

■ 空間設計暨圖片提供｜爾聲空間設計

層板收納沒有壓迫感

受限於空間大小，又或者沙發與電視間沒有足夠間距，此時最好盡量不要在電視牆安排大型櫃體，建議改以視覺上看起來更為輕盈的層板增加收納空間，層板長度不宜過長，最好利用多個層板來增加收納量，位置可採錯落不規則安排，製造隨興生活感，層板厚度依據擺放物品挑選，一般常見厚度約落在 3.5 至 5 公分左右。

■ 空間設計暨圖片提供｜一葉藍朵設計家飾所

實例應用

中島餐桌撐起一家生活重心

在狹長型格局的客廳與餐廳空間，設計師安排了一張自玄關開始延伸的中島式大餐桌，為了使空間視覺感更寬闊，餐桌採無桌腳設計，並利用懸臂式結構設計桌面包覆牆面，中島餐桌延伸的台面作為放置物品的小角落，餐桌的長向斜邊作為空間中的重要軸線，貫穿整體設計。

■ 空間設計暨圖片提供｜湜湜空間設計

複合式櫃牆配置放大空間感

寸土寸金的都會住宅，如何提高空間使用效益，在初步規劃時就該納入考量。20 坪小宅，面對女主人的上百雙鞋子，設計師利用玄關到客廳的牆面規劃一面複合式櫃牆，整合鞋櫃、電視櫃機能，鞋櫃側邊斜切線條避免動線過於壓迫，同時以鏤空設計做為端景與小物收納。

■ 空間設計暨圖片提供｜一葉藍朵設計家飾所

高櫃靠牆讓出最大生活空間

坪數本來就不大，又有大量收納需求，屋主因此擔心過多櫃體會讓客廳變得狹小。於是設計師先將沙發座向做變動，藉此以留出左右兩道牆面規劃兩座頂天高櫃；櫃體造型設計亦展現巧思，採用厚度5MM鐵板做為層板素材，讓純粹黑白配色的高櫃，不會有沉重壓迫感，反而因不同材質混搭，展現更豐富的視覺變化。

■ 空間設計暨圖片提供│砌貳設計顧問工作室

實例應用

與電視牆串聯成美型收納

櫃體做滿最容易有壓迫感，因此電視牆刻意留白，來強調視覺上的乾淨無壓，收納統一整合在電視牆右側，先從平台延伸出輕薄的抽屜與平台，提供收納雜物、設備使用；吊櫃則另外延展出開放層架，不僅可擺放展示品，亦可利用線條變化，賦予極簡櫃體更多表情。

空間設計暨圖片提供｜砌貳設計顧問工作室

依附牆面規劃低矮收納

想讓空間看起來更開闊，要避免規劃頂天高櫃，因此延著電視牆一直到窗戶下方的臥榻，便是客廳主要收納空間，雖沒有高櫃收得多，但收納量也相當充裕。另外，搭配鏤空與抽屜設計，對應收納物品需求，強調使用便利，而貼地規劃也有助淡化量體存在感。

空間設計暨圖片提供｜大秝設計

收納貼地規劃放大空間

小坪數空間安排高櫃，容易帶來壓迫感，為了保有空間開闊感，客廳收納主要依賴窗邊臥榻和電視櫃，貼地規劃的收納櫃，可減少視線阻礙，有效創造出寬闊感；在牆面與電視櫃之間的樑下空間，安排一座頂天高櫃，達到增加收納空間目的，亦可做為書房與客廳空間界定。

空間設計暨圖片提供｜砌貳設計顧問工作室

訂製書牆滿足大量書籍收納

將原本的次臥變更為客廳區域，打開隔間讓光線能自由穿透，側牆運用訂製書櫃做法，提供男主人大量書籍收納需求，規劃於牆面手法也能避免壓縮空間感，書牆局部搭配門片，也能收納較為凌亂的生活小物。

空間設計暨圖片提供｜一葉藍朵設計家飾所

■ 空間設計暨圖片提供｜一葉藍朵設計家飾所

餐廚

空間整合，
收納需雙重思考

　　在有限的居家空間裡，若再以隔牆區隔、界定區域，容易讓空間變得零碎且狹隘。因此在格局規劃上，會將屬性接近的空間以開放式設計進行整合，藉此也能保留最大開闊尺度，而小宅裡最常見的就是將餐廳與廚房做合併。雖說從動線來看，餐廚空間因為部分動線重疊，收納機能可共享，但針對空間特性仍要分開思考收納設計。廚房除了鍋碗瓢盆，還要收納廚房道具，基本的流理台廚櫃外，大多還會發展出中島串聯餐廳，而中島下方就是最好擴增收納的空間。餐廳收納則以餐具為主，收納東西不多且瑣碎，因此較少安排高櫃，多採用收納量減半的矮櫃，並順勢成為小型家電收納平台。

確認烹調動線再來規劃收納

廚房是烹煮食物的區域,建議確認好平時慣用動線,以預留出必要的烹調空間,並將不可變動的廚具確定位置後,再把剩餘空間拿來規劃成收納。烹調動線雖說基本上大同相異,但若能根據個人使用習慣進行細微調整,使用起來就能更順手。而透過餐廚合併,出餐動線與廚房動線重疊,進行收納計劃時可一起列入考量,像是餐具收納、備餐台等功能,可安排在用餐區附近,使用上更合理,也可藉此擔負起廚房部分收納。

量身收納電器,提昇視覺美感

開放式設計保留了空間開闊感,但相對地在收納上就要更加用心規劃,才不至於讓家電、廚房小物等一目瞭然,有礙空間視覺美觀。餐廚空間最常見有各種大小電器,由於尺寸、造型大小不一,有時會難以收納;此時可量身訂製打造專屬電器櫃收納,進一步還可因應電器類型加入五金,增加使用便利性。另外,家電造型若有一定美感,不見得一定要藏起來,可採用開放式收納適時展現,為生活注入更多生活感。

■ 空間設計暨圖片提供│十一日晴空間設計

■ 空間設計暨圖片提供｜大秝設計

你該知道的收納技巧——

這樣收空間才乾淨！

POINT

1

收納內嵌製造平整視感

平整的空間線條，可以讓小空間看起來更加俐落、整齊，進而有放大空間作用。不過餐廚空間不可避免會有冰箱、微波爐、烤箱等電器，基於使用便利性，無法完全隱藏，但完全裸露在外，又會造成空間凌亂感。想要收得乾淨，除了特別打造專屬電器櫃外，可採用內嵌概念，將櫃體嵌入牆面，藉此就能維持視覺平整性，而收在裡面的電器，即便沒有隱藏起來，也不會造成視覺阻礙，影響整體空間感。

■ 空間設計暨圖片提供｜大秝設計

POINT

2

矮櫃加層板，增加收納無壓迫

一般最常見在用餐空間搭配矮櫃做為餐具，及其他雜物收納，此時矮櫃上方的牆面即成了可擴增收納的最佳空間。但為了不造成壓迫感，選用層板或者開放式層架為佳，如想確保一定收納量，吊櫃也是不錯的選擇，因為吊櫃尺度可垂直發展，獲得更多收納空間。不過吊櫃與矮櫃之間的距離，需要多加留意，以便留出小家電可以擺放的高度。

吊掛外露好看又好用

廚房會有匙勺、鍋鏟等必須用到的廚房道具,為了減少經常性拉開抽屜的麻煩,這類經常性使用工具,不妨採用吊掛收納大方展示。一般常以吊桿來吊掛物品,若有多餘牆面,不妨貼覆洞洞板,加上掛鈎就能將整面牆拿來吊掛收納,洞洞板材質大致有木質與金屬類型,可根據風格屬性選擇,其中金屬材質搭配磁鐵,便可黏貼留言紙條或信件。

■ 空間設計暨圖片提供 | 新澄設計

收納統一製造整齊一致性

烹調食物時不免會有調味料、油罐等瓶瓶罐罐,擺出來廚房容易看起來雜亂,但因為經常使用,收起來也很不便。建議收納時可將收納容器統一,利用一至二種容器,來達成視覺上的一致性,這樣就算數量多,看起來也會相當整齊。收納時可按照高低依序擺放,看得清楚也便於拿取。另外,除了外型一致,也可挑選色系、材質接近的容器,這樣既便造型不同,但藉由相同元素,也有視覺一致效果。

■ 空間設計暨圖片提供 | 十一日晴空間設計

實例應用

依據空間需求安排恰當收納

將餐廳空間整併是小坪數最常的設計手法，然而在收納規劃時，仍需從兩個空間需求各自做考量。餐廳以矮櫃收納常用物品，並成為擺放電器平台，另外增加吊櫃以擴增收納空間；廚房除了基本櫥櫃，中島下方亦設有抽屜收納，不管備品、電器還是鍋碗瓢盆都很好收。

■ 空間設計暨圖片提供｜砌貳設計顧問工作室

複合式櫃體集結多元收納

利用進入廚房前的廊道牆面規劃懸浮式櫃體，抬高設計可收納掃地機器人，櫃體利用木板拼接做出線條感，搭配馬賽克磚創造鄉村氛圍，櫃體深度預留 60 公分，台面就能收納電器用品。

■ 空間設計暨圖片提供｜十一日晴空間設計

打開廚房擴充收納範圍

廚房改為開放式設計，留出的牆面增加開放層板擺放常用物品，另外並從原來台面延伸出吧台餐桌，側面落地支撐也不浪費，規劃成方格收納屋主收藏的馬克杯；冰箱收在廚房末端畸零地，擺了冰箱仍有多餘空間，於是規劃一個電器櫃，櫃體頂端加裝門片，以免灰塵堆積難以清理。

■ 空間設計暨圖片提供｜大秝設計

實例應用

配合推門以深度較淺收納櫃增加空間

廚房以白色做為基調放大小廚房的空間感，而所搭配的推門需要較大的迴旋空間，因此窗邊收納櫃不能太深，加上餐桌後才能留出足夠的走道寬度，較淺的收納櫃也方便屋主照料窗檯植栽。

空間設計暨圖片提供｜爾聲空間設計

取消隔間放大空間感

少了隔間阻擋，得以釋放空間給餐廳，目前配置 140 公分約 4 ～ 6 人用餐桌，甚至可延伸至 190 公分，餐桌後方為房門調整後得以多出空間規劃成的儲藏室。而因隔局變動，冰箱獲得恰當擺放空間，與天花之間多出的高度，則成了額外收納空間。

空間設計暨圖片提供｜十一日晴空間設計

■ 空間設計暨圖片提供｜大秝設計

書房

收納共享，
保有空間寬敞

　　就小宅居家空間來看，除非有其必要性，否則書房通常算是比較不重要的空間，所以在坪數大小上多採用開放式設計，藉此與客廳一起共享坪數。也因為空間的共享，收納上除了收納書本外，經常也需收納其餘公共空間生活物品，收納量有一定需求，最好有一道完整牆面規劃收納量強大的櫃牆，因此書房與客廳兩個空間的配置，多採以客廳沙發背靠書桌，藉此留出完整牆面。開放空間裡，不論是哪個空間，都需考慮到整體空間感，因此收納書牆的設計，除了最基本的收納功能外，最好也要滿足視覺美感，對於櫃體的收納層架、開放封閉式安排，都要加以思考，如此才能在滿足收納需求之餘，也達到空間美感要求。

線條變化成為空間視覺焦點

雖說以收書本為主，但在設計上可利用層板與隔板間距，來製造書櫃的立面線條變化，避免固定間距形成單一線條，看起來單調而且無趣。另外若有不想外露的收納物品，或擔心堆積灰塵，可加入門片、拉抽設計，以此提高收納靈活性，同時藉由視覺比例分割做出變化，達成豐富視覺效果。另外，全開放式層架，利用現成收納盒，與層架加以組合變化，就能增添收納的彈性。

材質變化豐富立面變情

除了在層架間的間距做變化，運用多種材質混搭也有助豐富櫃體表情。若在意櫃牆沉重感，建議可加入鐵件元素，因為鐵件就算輕薄，一樣有足夠的承重，因此不必擔心擺放物品重量，但視覺上看起來卻相當輕盈；除此之外玻璃也是常見使用於書櫃的材質之一，一般多用於書架隔板，做為書檔功能。由於玻璃具備通透特性，就算裝設在櫃牆上，也不會造成視覺負擔，且能滿足視覺輕巧目的。

■ 空間設計暨圖片提供│十一日晴空間設計

■ 空間設計暨圖片提供｜大秝設計

這樣收空間才乾淨！
你該知道的收納技巧──

POINT 1

適度隱藏減少收納難度

完全開放式收納，需維持一定整齊，才不會看起來雜亂，因此收納時就需更加用心維持。然而若平時較沒有隨手收納習慣，或不善於收納，可在層板上規劃立面面板，或者加入門片，藉由適度遮蔽，減少凌亂感與收納難度。材質運用與設計上，為了不造成壓迫，可選用通透的玻璃材質，至於門片則要從整個櫃牆設計美感思考，恰如其分地做出比例規劃，讓視覺達到一定的和諧。

■ 空間設計暨圖片提供｜十一日晴空間設計

POINT 2

加入拉抽設計收好雜物

由於小坪數空間不足，在空間或收納上大多會加入共享概念，書房的大面櫃牆通常除了收納書本，往往也要收納生活物品。所以櫃牆設計並不適合單純以收納書本來規劃，而是應該加入拉抽來為收納製造更多彈性，拉抽深度通常會依收納物品來決定。收生活小物，用輕薄型拉抽即足夠使用，有大量收納需求，則適合較深的拉抽，不過建議規劃在櫃體最下面，收納會較為輕鬆容易。

選擇有收納功能的書桌

每個書房一定要有的家具就是書桌,而在現成書桌的款式,或者量身訂製的書桌造型設計上,可選用有加入抽屜增加收納功能的款式。除了桌面下的抽屜,如果兩側也有附帶抽屜,那麼就能有更多收納空間。不過有附加收納設計,造型上會看起來較為厚重,所以除了從收納做考量,也應依照空間風格和空間現有狀況做挑選,以免滿足了收納,反而影響到空間感。

■ 空間設計暨圖片提供|新澄設計

移動邊櫃靈活增減收納

空間本來就不大,有了收納櫃牆,若再增添其餘收納櫃,感覺就會過於狹隘、侷促,但若仍有收納需求,採用活動性家具,是增加收納最好的方法。通常書桌下面還有少許空間,而具備收納功能的邊櫃,便可塞進桌下,或者放在書桌兩側,不佔據太多空間,卻能提供收納功能,而且附有輪子可自由移動,方便隨時改變擺放位置。

■ 空間設計暨圖片提供|砌貳設計顧問工作室

實例應用

對比木色製造豐富視覺

單一分格讓書牆看起來單調且缺少變化，設計師刻意以開放交錯封閉式門片設計，如此便可讓收納牆除了具備展示功用，亦能將物品收起來不外露，減少畫面凌亂。外型使用深色木皮與空間的大量淺色木皮做出跳色，為空間帶來視覺聚焦效果。

■ 空間設計暨圖片提供｜砌貳設計顧問工作室

改變思維，賦予牆面更多功能

在樓梯轉折的廊道牆面，以松木合板打造收納牆，並以房子、拱門與方格造型混搭增添變化，接著再以輕爽色調及鏤空設計，減少櫃牆沉重、壓迫感，更藉此引入天井光線打亮空間；櫃牆中段安裝 60 與 30 公分可收折的桌板，巧妙將單純收納，變身成小朋友的書房。

■ 空間設計暨圖片提供｜晟角制作設計

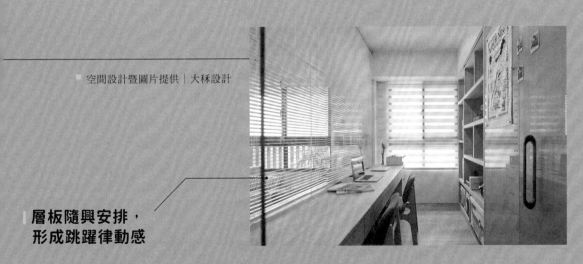

■ 空間設計暨圖片提供｜大秝設計

層板隨興安排，
形成跳躍律動感

層板以不規則方式，製造書牆線條變化，化解印象中無聊的書牆印象，最下面擺放活動性高的收納盒，以便收起一些零碎雜物，維持書牆整齊俐落感，書房一進門右側隱藏了一個大型收納儲藏空間，採用隱形門片設計收斂線條，同時與書櫃形成一個更為美觀的立面。

■ 空間設計暨圖片提供│砌貳設計顧問工作室

臥房

減少收納壓力，
讓睡寢空間小而舒適

　　小房子的空間使用上，通常是將公共區域放到最大，以製造出大於原來坪數的開闊空間感，屬於私領域的臥房，相對就會被壓縮，顯得較為狹小。然而雖然空間小，但臥房裡的基本收納功能也不能少；因此在進行臥房空間規劃時，除了滿足空間機能、收納需求外，如何避免收納櫃造成壓迫，失去睡寢空間的舒適也是考量重點之一。一般來說，臥房主要收納空間就是衣櫃，衣櫃需具備一定收納量，才足以收納衣物、棉被等物品，於是為了將這些物品統統收進去，大多選擇採用頂天高櫃設計，但往往因此帶來巨大壓迫感，造成心理上的不適，如此一來也不利於睡眠。

維持最低限度收納保留舒適感

臥房最重視的就是空間的無壓療癒感,因此在空間規劃上,最好減少過多設計造成視覺壓迫而影響到睡眠。雖然說空間受到侷限,但應以保持臥房的簡潔為原則,對於收納盡可能降至最低,藉此減少櫃體佔據空間,讓原本就不大的空間變得更小。必備基本收納,可利用隱性的設計手法,或者輕巧的造型與款式,來達成空間追求的俐落無壓感,進而滿足了收納又能保有舒適睡眠氛圍。

大人、小孩收納要求大不同

針對大人與小孩使用的臥房,在收納的規劃上也會有所不同。一般大人多必需滿足衣物、包包等物品收納與數量上的需求,對小朋友來說,除了衣物以外,還可能會有書本、玩具、收藏品等物品需要加以收納。因此對於小孩房的收納設計,最好採用較靈活的收納方式,以對應收納物品種類,在尺度上則應該順應小朋友高度與使用慣性,協助輕鬆收納,如此也才能幫助他們自主收納,並在平時就養成收納習慣。

■ 空間設計暨圖片提供│湜湜空間設計

空間設計暨圖片提供｜新澄設計

你該知道的收納技巧──
這樣收空間才乾淨！

POINT
1

爭取床下多餘空間

當空間不夠大，可使用的牆面也有限，卻又必需增加收納空間，此時床底下便是一個最好增加收納的完美地點。可在床底放置大型收納箱來收納換季衣物、寢具，若是空間允許，建議可將床架高一點，如此不只容量增加，收納時也比較方便。若床底空間仍不足，想更進一步擴充，那麼就採用上掀式掀床，只要掀起床墊，底下即是滿滿的收納空間，物品就算再大也能收得下。

空間設計暨圖片提供｜新澄設計

POINT
2

收納空間也能隨時移動

空間裡不可避免要安排邊桌等家具，此時可選用具有收納功能又能便於移動的家具款式，不只幫助收納同時也可視空間狀態，決定留下或者隨時移至其他空間。不過為了避免空間塞滿狀況，家具應選擇造型俐落且輕盈款式，避免量體過重，而讓空間感覺塞滿東西，失去睡寢空間應有的悠閒自在氛圍。

善用床頭板收納隨手小物

床頭板為一般常見設計，雖說在小空間裡為了爭取到更多空間，會盡量縮減其厚度，但仍可就其剩餘厚度延伸成可擺放物品的平台、床頭櫃設計。若空間真的不足，捨棄床頭板設計，也可選擇在床頭上方牆面，採用層板來做為小物品的收納，不過由於是位在頭頂位置，若層板過於厚重，容易造成壓迫感，所以尺寸選用上，要多加注意，避免產生不適感。

■ 空間設計暨圖片提供｜爾聲空間設計

創造壁龕牆做收納

除了空間考量外，走道動線是否舒適順暢，也是收納規劃時應考量到的重點。若因為礙於走道而無法設置櫃體，此時可以利用牆面厚度，在牆面上切出壁龕，如此一來便可解決行走問題，同時又增加收納空間。至於壁龕深度則要依照收納物品內容，若只是放置鬧鐘或是生活小物品，寬度不用太深，想收更大型的物品，就需要視物品大小再調整深度。

■ 空間設計暨圖片提供｜晟角制作設計

實例應用

■ 空間設計暨圖片提供｜混混空間設計

善用樑柱創造臥榻收納的秘密基地

在以不變動結構的原則下，最令人困擾的大樑、大柱，巧妙地提供窗前的臥榻空間，樑柱完全不必修飾，也不會造成壓迫感，搭襯百頁窗透進了光影，為木質的臥榻帶來了自然的溫度。以臥榻取代一般床頭櫃的收納空間，寢臥設計更顯簡潔俐落，既能保持收納容量，又可維持敞亮的空間感，加上牆面運用帶點灰調的大地色系調和，整體營造出質樸、紓壓的舒眠情境。

架高地面是床架也具豐富收納

由於主臥坪數有限且呈多邊形結構，若放置現成床架反倒浪費空間，藉由架高 20 公分的地板設計，除了可做為床鋪使用，一方面也增加許多收納效能，最外側是 40 ～ 50 公分左右的抽屜，床鋪底下也具有九宮格上掀收納，發揮最大的空間效益。

■ 空間設計暨圖片提供｜一葉藍朵設計家飾所

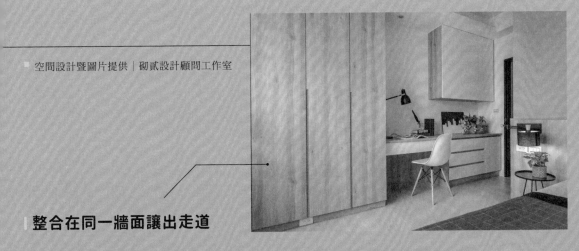

■空間設計暨圖片提供│砌貳設計顧問工作室

整合在同一牆面讓出走道

臥房空間不大,除了床鋪仍需留出走道空間,因此將衣櫃與書桌規劃在同一平面,藉此便可留出中間順暢動線。書桌上面牆面留白,只簡單規劃吊櫃收納書本,造型與桌面一致以白色調為主,只在桌面及吊櫃側面使用與衣櫃相同的木貼皮,形成視覺上的一致性。

實例應用

空間設計暨圖片提供｜砌貳設計顧問工作室

活用高度爭取更多收納

由於房間數量不足，剛好屋高夠高，因此設計師善用高度優勢，另外隔出一個閣樓，做為小朋友的另一個睡寢空間，空間裡的收納與階梯設計結合，其中最下層二階為抽屜，再往上二階則改為門片，床頭上方空間也不浪費，安裝吊櫃以展示、收納物品。

更衣間茶玻拉門放大空間尺度

考量主臥空間小，屋主想要有更衣間及大量衣架式收納需求下，設計師一方面採取開放式衣物收納櫃設計，更衣間則採用茶玻加上黑色鐵件拉門，利用玻璃材質的穿透特性，避免空間過於壓迫，更藉由茶玻反射特性製造視覺延伸假象，放大視覺感，彷彿加大空間尺度。茶玻具有很好的阻光效果，因此在更衣間能夠清楚看到其他空間狀態，但又能保有完好的隱私性。

空間設計暨圖片提供｜湜湜空間設計

暗門設計隱藏更衣空間

以隱藏手法給予臥房完整舒眠空間，巧妙運用暗門設計，木質門片隱藏了更衣空間，化解一般床位旁側有門的不自在感，且讓立面及空間感更整齊俐落。完整更衣空間，同時滿足衣物收納容量，淺色木質感搭配超耐磨木地板，單一材質給人簡單實在又舒服的心理狀態，摒除複雜居家裝飾，僅僅裝配床頭燈，臥房的光線原則明而不亮，整體空間氛圍和諧而放鬆。

空間設計暨圖片提供｜湜湜空間設計

■ 空間設計暨圖片提供｜PSW 建築設計事務所

衛浴

不只清潔，
也要收得乾淨

　　同樣屬於私領域的衛浴空間，除非屋主有特別要求，否則往往也成為小
坪數住宅壓縮空間的一個區域。但淋浴、面盆、馬桶都是基本且必要需求，
因此如何在小空間裡完整齊全功能，又要好用，是小宅衛浴要面對的難題。
為了讓空間變大，通常會採用可以創造放大效果的建材，像是白色磁磚，或
者加裝鏡面拉闊空間深度，藉以緩解狹小空間感問題。另外，在淋浴、面盆、
馬桶的配置與使用動線上，為了避免空間無謂浪費，並讓使用時更為順暢，
要注意配置順序與位置；在空間不足的狀況下，收納多規劃在面盆下方空間，
並採懸空設計，也有助於視覺輕盈與清潔整理。

開放式層架減輕收納壓迫

封閉式收納最會造成小空間壓迫感，因此如非必要隱藏物品，不如選用開放式層架來擴增收納空間，鏤空設計讓收納物品一目瞭然，好收好拿，視覺上看起來也會更加通透無壓。在造型款式的選擇上，則可視使用空間尺度，選用落地式，或者懸掛在牆面。若是懸掛於牆面，建議尺寸不宜過大，否則依舊會讓人產生壓迫。

對應空間尺度縮小設備

對空間偏小的浴室來說，衛浴設備的選擇就顯得特別重要。目前市面上款式多樣，因此針對小空間也有相應尺寸可做挑選。藉由擺進小巧型設備，可讓空間感覺變得大一些。至於半開放式洗手台是小浴室的不二選擇，洗手台下方多出來的收納空間當然也不能浪費。除此之外，在鏡面前的收納層板，深度不需太深，只要放得下漱口杯即可。

■ 空間設計暨圖片提供│砌貳設計顧問工作室

空間設計暨圖片提供｜十一日晴空間設計

你該知道的收納技巧
這樣收空間才乾淨！

POINT 1

內嵌設計不佔空間

為了達到完全使用空間目的，若空間牆度厚度許可或有畸零地，可採用內嵌設計規劃出收納空間。內嵌收納視覺上就像是收在牆裡面，不易被發現，也不會造成空間凌亂，而且只要加裝層板，就能用來收納小物品。若是位於較具水氣的衛浴空間裡，層板建議採用玻璃材質，清理較為方便，若空間規劃位在不受水氣影響的區域，層板材質則無特別限制。

空間設計暨圖片提供｜PSW 建築設計事務所

POINT 2

一體成型一次收乾淨

若空間真的不夠，可將臉盆、台面、收納採一體成型的設計手法，來節省空間同時又滿足收納需求。若想要特別強調開闊感，台面下的收納可不再多加門片，而是採用收納箱、收納籃等方式簡單收納。不過由於沒有門片隱藏，因此平時要特別注意整齊清潔的維持，以免讓空間變得亂糟糟。

3

善用面盆下方空間

面盆下方大多會留出多餘空間,因此這裡便理所當然被規劃成收納空間。最常見的做法是採用現成的門片式櫃體,將東西都隱藏起來,讓空間看起來比較俐落,另外,也可以結合少量層板做開放式設計,開放式在使用上會來得更為方便,但要注意做好隨手收納,不然就會看起來雜亂。不論採用哪種規劃,建議皆以懸空設計,方便清潔視覺也較輕巧、俐落。

 空間設計暨圖片提供|砌貳設計顧問工作室

4

現有櫃體更合乎實際需求

一般衛浴設備多會連同櫃體一併規劃,但若是櫃體不符實際需求,不妨選擇現成櫃體來代替面盆下方的收納櫃。如此一來選擇性變多,而且也能針對收納需求與收納量採用更適合的樣式,當然在造型上也會來得更多樣化,只是在選用現成家具時,要特別注意防水問題,因為衛浴容易堆積水汽,而有發霉問題,因此建議可將洗臉區移出,避開濕氣問題。

 空間設計暨圖片提供|十一日晴空間設計

實例應用

活動拉簾爭取空間坪效

主臥房衛浴鋪設木紋磁磚與進口地鐵磚，突顯整體質感，並捨棄一般門片設計，改用拉簾取代玻璃淋浴門，藉此爭取空間坪效，也較好維護清潔。

■ 空間設計暨圖片提供｜十一日晴空間設計

調整窗戶大小、淋浴降板設計創造精緻衛浴

衛浴是全室光線最充足的地方，為了有完整的設備配置及整體感，將窗戶縮小改為盥洗台面區，特別講究收邊細結節的設計師，將淋浴間地板採降板設計，少了門檻邊框連衛浴都顯得精緻。

■ 空間設計暨圖片提供｜爾聲空間設計

鋁框玻璃門透光不透視

客浴洗手台選用綠色浴櫃打造而成，為空間增添視覺層次，搭配鋁框霧玻璃門，化解採光與封閉感，進口地磚結合平價壁磚的使用，有效控制預算又能創造質感。

　空間設計暨圖片提供｜十一日晴空間設計

依生活習慣
調整衛浴增設使用台面

男女主人因為工作原故，日常生活作息有所差異，因應沒有泡澡習慣的兩個人，將浴缸移除後增加梳畫妝的台面，讓有時必須早起出門的女主人不會打擾到男主人睡眠。

　空間設計暨圖片提供｜爾聲空間設計

實例學習

**不只學會怎麼收，
還要讓家好看也好住**

CASE **01**

無痕收納讓空間回歸居住本質

文｜陳佳歆　空間設計暨圖片提供｜新澄設計

HOME DATA

★ **坪數**｜13 坪
★ **成員**｜1 大人
★ **使用建材**｜鐵件、鋼琴烤漆、大理石、超耐磨地板、橡木皮

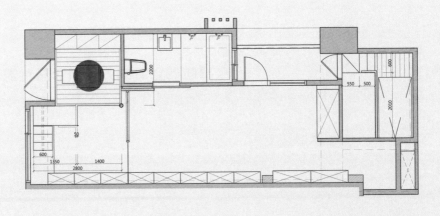

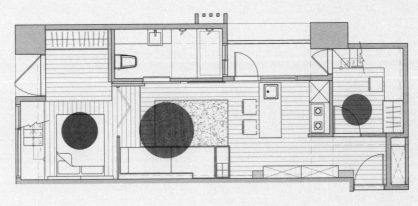

收納重點

A **客廳** | 減少收納在窄長形空間佔據太多位置，客廳以平面式淺櫃依附在牆面，
分別在入口玄關設置鞋櫃，沙發背牆櫃體則作為書籍等物件收納。

B **廚房** | 開放式廚房讓小坪數有更開闊的空間視野，白色電器櫃體延續整體風
格並採隱閉式設計，平時不使用時可完全關閉，較為整齊美觀。

C **主臥** | 淺櫃設計從客廳延伸至臥房牆面，加上夾層上方的抽屜及櫃體，可收
整衣物、棉被等軟件。

D **次臥** | 客房兼具書房功能，將書桌、衣櫃等機能規劃在夾層之下，同時利用
樓梯下方空間作為書櫃，在收納書本及取用上更為順手。

要如何將僅有少量採光的小套房，變成一個在緊湊節拍城市中的悠閒居所，這是設計師面對只有 13 坪空間的課題。原始格局的自然光源被一道實牆阻隔，而且沙發所設定的位置與衛浴位在同一側，只能容納一張 2 人座小沙發，整個空間感覺侷促又昏暗，完全和舒適畫不上等號，最棘手的是，屋主要求要有二人房，客房裡還要有書桌、全身鏡和足夠收納，於是設計師打破空間框架，不但賦予充足的使用機能，更找回空間應有的居住本質。

移除阻隔光源牆面是讓空間重獲新生的關鍵，透光不透明的磨砂玻璃使光線透進屋內，同時保有適度睡眠隱私，客廳沙發位置重新調整到衛浴對面，因此能容納更寬敞的休息位置，公共空間的收納往牆面發展，貼牆櫃體為小空間創造充足的收整位置。

利用空間挑高優勢讓樓面往垂直發展，在有限的坪數裡增加使用範圍，夾層規劃在長形空間前後二端，地面以高低落差設計劃分生活場域，形成在小空間裡行走時不同的層次視野，溫暖木質地板更開展了生活自在感，屋主因此能自在隨處坐臥，創造可放下身心的寫意居所。

● **光線穿透空間改變居住氣氛**
玻璃材質取代原本實牆，引入充足陽光進入中間的客廳，空間因此感覺明亮溫暖，房間採用能完全收整的折門，讓區域間的界線不再壁壘分明，光線和動線也串起公私領域的關係，大膽在客廳中置入橘紅色沙發帶出空間調性，同時呼應屋主性格。

● 簡約造型設計描繪輕盈線條

為創造挑高夾層的安全和穩定度,採用鋼構型塑樓梯和樓板,樓梯不加扶手的設計搭配玻璃材質,使整體結構看起來俐落輕盈,窗戶旁的大理石平台形成一處休憩的角落,樓梯也從平台接續而上,形成流暢無礙的自由動線。

● 複合材質搭配創造牆面層次

衛浴空間位在木門之後,將原本建商預
定的沙發與電視位置對調,讓空間配置
更具邏輯,通往後陽台的門窗搭配能微
調光線的木百葉,不但營造悠閒空間氛
圍,也豐富了整體立面質感和表情。

● 細膩收納規劃放大空間機能

雖然空間坪數小,屋主仍希望擁有機能充足的居住空間,因
此客房利用夾層創造更多空間可能,夾層上方作為簡單寢臥
區,並利用下方空間規劃成書房,不但有 L 型書桌,樓梯下
方也跳脫制式收納,設計開放與抽屜結合的造型書櫃,大小
不同的收納格能輕鬆整理各種高度的雜誌書本。

貼牆懸吊櫃體保留空間完整度

在客廳置入長達 4 米 3 的沙發，搭配較低的高度營造隨坐隨臥的輕鬆休閒感，並從沙發木製底座延伸出小平台作為邊桌，嵌入收納盒能隨手收整搖控器；為了在窄長空間同時容納沙發及收納櫃，沙發後方增加一道置物木作，避開乘坐時上方櫃體的壓迫感，貼著壁面延展的櫃體分割出幾何造型，並結合開放及隱閉設計兼具展示與收納功能。客廳收納櫃與玄關鞋櫃皆採用懸吊設計，使大面積的櫃體不會顯得太過沉重。

1

2

順應空間形態向上延展收納

利用挑高優勢讓收納儘可能往高處發展，因此主臥延續客廳收納櫃概念，貼齊牆面留出最大的寢居空間，開放式更衣區結合吊掛及抽屜收納，主要收整平時較常穿的衣服和配件，上方夾層同樣沿牆面規劃複合型式的櫃體，創造出具有彈性的收納空間，能根據屋主使用需求靈活配置。

CASE 02

簡約無印風下蘊藏豐富收納

文｜Jenny　空間設計暨圖片提供｜十一日晴空間設計

HOME DATA

★ 坪數｜26 坪
★ 成員｜2 大人＋1 小孩
★ 使用建材｜超耐磨木地板、花磚、美耐板、乳膠漆、實木皮板

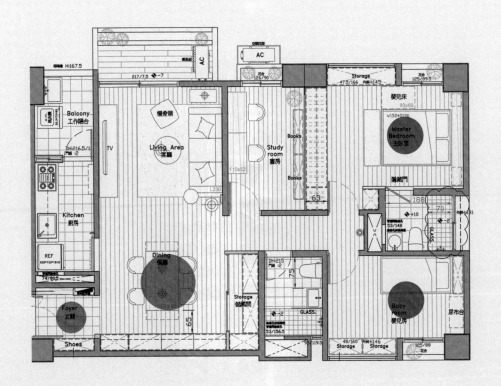

收納重點 |

A **玄關** | 入口右側鞋櫃刻意抬高設計，避免鞋子堆置散落在地上，另一側利用木作層板打造置物平台，白色櫃體內實則隱藏開關箱，同時兼具收放掃除用具功能。

B **餐廳** | 利用一整面餐櫃規劃，輔助各式生活用品收納，90公分高平台，擺放小家電讓使用操作更便利，而鄰近玄關的大片門扇，可收納孩子外出需要用的物品。

C **主臥** | 床鋪上方為避開大樑配置吊櫃形式，並拉出一道平台，兩側改以內嵌做開放式層架置物，取代一般床邊櫃更好用。

D **小孩房** | 因應原始建築內凹結構，以木工規劃儲藏櫃，局部留白空間則是採取活動家具形式，賦予未來生活彈性改變。

26 坪的舊屋翻新，為一家三口的居所，屋主雖是理智又善於整理的性格，不過面對基本生活所需的收納還是得儘量合理化。在格局規劃上，僅微調主臥、書房比例，利用背板封上日本隔音棉的衣櫃取代隔間，達到節省空間坪效作用；一方面將原本稍微過大的餐廳縮減一些，以大片滑門打造出實用儲藏間，對於喜愛簡單生活的屋主而言更好用。

另外，依據屋主習慣的烹調方式，維持原有一字型廚房配置，並選擇在餐廳牆面規劃一面多功能櫃體，中間約 90 公分高的寬大平台，擺放小家電、消毒鍋等讓使用更方便順手，抽屜部分可分門別類儲藏藥品、膠帶等瑣碎雜物，最靠近玄關的大面門扇內，則適合擺放孩子外出需要的玩具或其它物品，貼近生活動線。由於整體氛圍設定以簡單乾淨為主軸，客廳、書房皆選擇採取活動家具搭配，透過設計師掌握材質、比例等細節，自然溫暖的木質基調，配上淡淡的淺灰背景，呈現舒服怡人的自在感。

● **縮減餐廳尺度擴增各式收納**

將餐廳尺度縮減至適當的比例大小，除了可增加一間儲藏室之外，牆面
規劃豐富多元的櫥櫃，同時提供生活物件的分類收納，中間平台也成為
各式小家電的專屬區，90 公分的高度安排，也更符合人體工學操作。

● **活動家具搭出自然寬闊調性**

關於收納，必須安排得恰到好處，才能兼具實用與維持空間感。客廳區域依據尺度與整體
氛圍考量，選擇搭配無印良品電視櫃，加上輕巧好移動的邊几取代一般茶几，營造單純、
舒服的自然感。

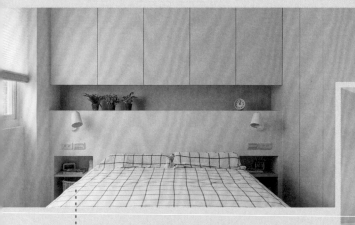

● 淺灰主題勾勒清爽舒適氛圍

主臥房同樣延續公共廳區，刷上一層淡淡的淺灰色調，配上線條俐落的立面設計，空間清爽舒適，床頭後方捨棄傳統床頭櫃的施作，而是延伸一道平台，左右兩側發展出開放式層架取代床邊櫃，隨手收納更好用，也不易感到凌亂。

● 凹角結構化身實用儲藏區

小孩房刷飾淺藍色調，呼應整體清爽舒服的色彩計劃，面對原建築物產生的凹角結構，衡量現成家具未必能符合這樣的尺寸，因此上半部利用木工訂製預先規劃收納櫃，下方則搭配活動家具使用，讓未來生活更有彈性變化。

● 局部花磚創造跳色效果

因應女主人烹調習慣所維持的一字型廚房，重新更換清爽的白色調廚具，壁面並局部貼飾花磚，達到跳色的視覺效果，當光線灑落屋內時，更顯得舒適迷人。

多功能淺櫃,隱藏開關箱兼收納

除了一側的懸空式鞋櫃之外,玄關入口左側利用木作層板搭配掛鉤的方式,賦予鑰匙、零錢等瑣碎隨身物品的放置,掛鉤能隨手收納包包、外套,傳遞自然隨性的生活氛圍,白色美耐板門片底下,則是隱藏開關箱以及掃除用品的收納機能,看似小小的櫃子徹底發揮許多用途。

1

2

調整比例,換來儲藏間、大餐櫃

原本略大的餐廳比例稍微調整,與衛浴毗鄰的隔間往前挪移,劃設出儲藏間機能,搭配貼飾灰色美耐板的大片滑門形式,立面更形簡約,亦與整體氛圍更為和諧。鄰近玄關、廚房牆面,運用木作打造整合各式收納的餐櫃,鏤空台面用來放置小家電,操作更為便利,其餘抽屜、門片式空間可依據生活物品分類儲藏,最右側的大門片則做為外出用品擺放,使用上更為人性化。

3

善用畸零空間爭取收納效能

主臥於大樑下規劃吊櫃,床頭捨棄一般床頭櫃做法,而是採取一道平台、兩側下內嵌開放層架,相較之下較實用、好拿取,床側看似一體成型的淺灰壁板下,隱藏通往衛浴的入口,並於側邊拉出一座櫃體,讓立面更完整,正好也能順手擺放浴巾、毛巾。窗邊白色淺櫃內,其實是利用建築原有獨特的內凹結構規劃而成,打開後分別是上、下兩層的層架可使用,對於擅長整理的屋主來說,收納空間綽綽有餘。

CASE **03**

一牆三用收納靈巧超實用

文｜陳婷芳　空間設計暨圖片提供｜PSW 建築設計事務所

HOME DATA

★ **坪數**｜ 10 坪
★ **成員**｜ 2 大人
★ **使用建材**｜木材料、白磁磚

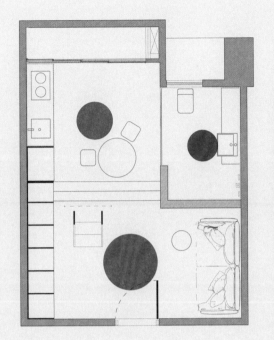
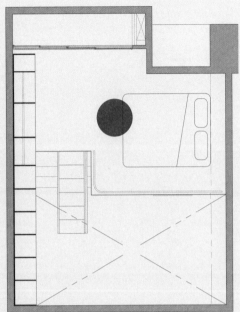

收納重點 |

A **客廳** ｜ 整面展示櫃收納集中在一面牆上，完全給予只有單面落地窗的採光動
　　　　 線最大空間。

B **餐廚** ｜ 整面廚櫃收納牆，讓白色磁磚材質的餐廳保持潔亮更有品味。

C **主臥** ｜ 整面牆的衣櫥滿足各種衣物收納需求，就算換季也不煩惱。

D **衛浴** ｜ 以白色磁磚打造的洗臉台收納櫃，設計簡約擺放衛浴用品一目瞭然。

僅僅 10 坪空間的小坪數住宅，因具備樓高 4 米 2 的基礎，提供了充分施予夾層的空間設計，設計師巧妙的運用夾層的階差，創造客廳、餐廳、廚房、浴室、臥房、收納空間一應俱全，可說是最符合時下都會小坪數居住型態的機能宅。

在一面落地開窗的條件之下，夾層設置構思在於減少視覺阻擋，透過落地窗獲得最充足的光線和視野。因此設計師將收納展示櫃面集中於一側，整面牆做滿，書櫃、櫥櫃、衣櫃整合在一起，不但不浪費空間坪質，且容量相當充裕。客廳、臥房、衛浴等居住空間則歸納在另一側，展現空間深度，使得空間感更放大。

空間材質簡潔俐落卻蘊含巧思，設計師利用空間素材作為視覺界定，客廳、臥房需要溫和、放鬆的居家氛圍，即以木質地板鋪設呈現，衛浴與廚房經常走動的區域，選用白磁磚清爽易清理，展示櫃延伸到客廳，以及廚房進到了浴室，不會產生塊狀零碎的空間感，整個家看起來和諧又舒適。

● 掌握落地窗採光通透更敞亮

在一面落地窗的立基之下，私領域與儲物收納空間往窗的兩側
集中規劃，中間騰出活動空間，光線空氣完全通透，巧妙利用
夾層設計不阻礙採光效能，加上選用暖色調材質，就算餐廳、
廚房、客廳、浴室、臥房通通都有，只有 10 坪的小空間看起
來一點也不擁擠。

● 階梯當作餐椅，隨性好多用

樓梯錯層設計是空間重點之一，階梯一方面導引空間的轉折，又可賦予趣味性表現。一開
門就進入客廳，往內走下兩階階梯來到餐廳，餐桌旁的階梯可以當作餐椅使用，減少家具
佔用空間坪效，如此一來，餐桌不限於只能坐兩個人，隨性地坐在階梯上，更能增添隨意
活潑的生活感。

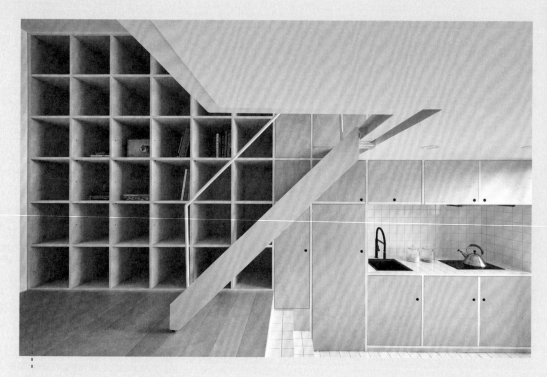

● **材質延伸性形成帶狀空間**

整個空間的主要構成分別是木材質與白色磁磚,以收納設計概
念統整的整面木作櫃體,從入門的樺木網格延伸到客廳木地
板,夾層上方的木作衣櫃同樣鋪陳起區室地板,以及從廚房到
浴室延續白色磁磚與粉紅色填縫設計,藉由帶狀空間設計取代
塊狀的空間屬性。

● **居住場域創造空間深度**

一般夾層最怕壓迫感,但在 4 米 2 樓高條
件之下,設計師給予夾層上層、下層都有
足以站立的空間;整個開放空間又能保持
各自的獨立性,讓空間彼此可以對話,為
家帶來的溫暖的溫度。客廳、臥房、浴室
以居住機能為主,整合集中在一側,空間
深度讓空間感更放大。

整面牆櫃整合多樣化需求

小坪數空間不需要讓收納機能遍布在各個角落，靈活運用整面牆的
櫃體設計，包含客廳的展示櫃、廚房的櫥櫃與起居的衣櫃，不僅設
計上更顯簡潔俐落，櫃面表情多樣豐富，面對僅有單面落地窗的採
光，則能避免阻礙光線隔斷。客廳與餐廳交界處以一個裝有滑輪的
白色階梯直通起居寢室，往夾層上方的樓梯採取活動式設計，往櫃
體靠的時候，不影響空間動
線，而當牆面櫃體要打開
時，樓梯可輕鬆移開；櫃體
較高處也可踩在樓梯上去
拿取，功能上一舉數得。

1

2

起居室整面衣櫥收納超強大

從客廳展示櫃延續而來的起居室衣櫃，做滿整面牆，和夾層下方的餐廳櫥櫃
一體成型。由於臥房是要舒眠放鬆的空間，從木作衣櫥延伸到起居室的木地
板，可營造溫暖居家氣息，衣櫥門片設計簡單素樸，衣櫥裡有大衣櫃、襯衫櫃、
抽屜櫃、格櫃，形式多樣，就算換季衣物收納也不煩惱；起居室緊鄰窗邊的
豐沛採光，則會有助於維持衣櫥環境清
爽防潮。位於夾層上方的起居空間高度，
符合男女主人可以站立的空間，更衣整
裝儀容很便利。

CASE 04
盡現自我風格的美型收納宅

文｜Chloe Chen　空間設計暨圖片提供｜爾聲空間設計

HOME DATA

★ **坪數**｜16坪
★ **成員**｜2大人
★ **使用建材**｜木作木皮烤漆、木作平光烤漆、鐵件吊櫃、霧面玻璃

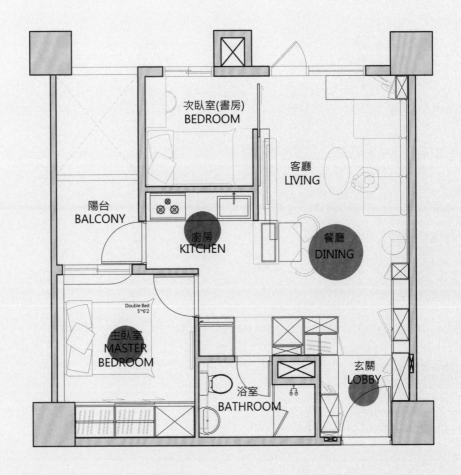

次臥室(書房)
BEDROOM

客廳
LIVING

陽台
BALCONY

廚房
KITCHEN

餐廳
DINING

Double Bed
5*6'2

主臥室
MASTER
BEDROOM

浴室
BATHROOM

玄關
LOBBY

收納重點 |

A **玄關** | 兩側設置不落地收納櫃,讓屋主夫婦能一人一邊擁有各自的鞋櫃空間,並附帶座椅設計。

B **餐廳** | 一字型小廚房無法擺置多樣活動式廚房家電,因此在用餐區規劃收納展示功能兼具的家電櫃以符合使用需求。

C **廚房** | 由廚房台面轉角延伸設計桌板並兼具收納功能的中島用餐吧台,增加台面工作區範圍又創造收納空間。

D **主臥** | 在樑下空間規劃衣櫃,頂端刻意留白不做滿,改以霧面玻璃門片降低櫃體感,再選用掀床提供額外置物空間。

這間新成屋雖只有 16 坪，但有樓高 3 米 15 優勢，透過合宜的規劃，依舊創造出收納機能滿點又不顯擁擠的新婚宅，讓屋主夫婦能由此展開嶄新美好的新人生。

屋主夫婦不喜歡呆板的系統櫃，因此全室櫃體採用木作櫃，以展現獨特性與設計感。玄關是收納重點區域，白色平光烤漆搭配木皮烤漆櫃體，提供充足收納空間又不單調，刻意包覆樑柱的穿衣鏡，巧妙與木皮鞋櫃整合，再加上高度適宜的玄關座位，讓玄關功能加倍升級。用羊毛氈材質打造的玄關座位區背板，成為屋主能隨意變化佈置、展現個人風格的相片回憶牆。

客廳與餐廳區的收納櫃體採用屋主夫婦喜歡的黑白兩色，搭配能讓白色櫃體更顯白的淺灰色牆面，營造簡約沉穩的空間感，加上綠色盆栽點綴，為居家注入清新綠意。因為天花板結構良好，設計師刻意裸露天花板，拉高垂直空間感，讓小宅也能顯得寬敞；選用比較常見於商空的特殊造型冷氣排風口，成為別樹一格的裝飾。

● **用櫃體配層板兼顧收納展示**

在封閉式黑色懸吊櫃體中間規劃開放式層板,特別用木作層板打造仿鐵件材質的層板架,提升收納與展示功能,又不影響空間開闊感;下方選用灰藍色層板展示櫃,呼應著玄關美麗的灰藍色花磚,搭配亮眼的金色圓几,為灰色調空間帶入一絲低調奢華感。善用樑柱為喜愛健身的男主人設置天花板單槓健身架,增添實用度與獨特性。

● **收納滿點的無壓迫感玄關**

玄關是收納重點區域,兩側封閉式鞋櫃與延伸到客廳的收納兼展示櫃,給予屋主充足的收納空間,搭配為高挑屋主夫婦設計的高度適宜玄關座位與懸空櫃體,營造收納機能完善卻無壓迫感的玄關空間。地面選用女主人鍾愛的灰藍色花磚,以不佔空間的方式區隔玄關與客廳並創造視覺落塵區。

● 拉門串聯空間改善採光限制

刻意裸露水泥天花板，並以仿混凝土質感的樂土打造電視牆，
與天花板相呼應，搭配線條俐落的櫃體，勾勒出粗曠簡潔的客
廳區。用鐵框鑲嵌玻璃拉門作為電視牆後方次臥的房門，利用
玻璃透光特性，讓受限單面採光的客廳能有更多自然光，當拉
門敞開時，更顯空間通透感與光線流動性。

● 透光玻璃門片放大空間感

臥房採用超耐磨木地板、淺色木片背板與
女屋主偏好的灰綠色牆面，搭配半開放式
天花與間接照明，為主臥營造出與公共區
截然不同的溫暖氛圍。利用樑下空間，將
衣櫃整合在同一牆面，選擇可透光的霧面
玻璃材質當作衣櫃門片，減低大面積櫃體
壓迫感，放大空間於無形。

懸空加格柵擺脫櫃體沉重感

入口大門上方橫樑，不採拉平天花板方式修飾，而是斜面設計，維持挑高優勢，讓小空間顯得開闊；考量過多、過大的櫃體恐讓小宅顯得更為擁擠、有壓迫感，因此由玄關櫃延伸到用餐區的家電收納櫃皆刻意不做滿，不落地也不頂天，創造類似漂浮效果，成功擺脫櫃體沉重感。搭配滑動門片打造半開放式收納櫃，櫃體轉角採用黑色格柵，增加穿透性、縮小櫃體視覺感，也有助魚缸等電器機體散熱。

1

2

善用家具創造隱形收納空間

客廳窗邊臥榻，為客廳提供更多座位，採上掀、非固定式設計，讓臥榻肩負收納箱功能。沙發與臥榻間的樑下角落則規劃落地型收納櫃，發揮空間最大效益。主臥同樣運用隱藏式收納手法，選擇可收納又不失設計感的掀床，創造收納空間卻不影響整體美感；特製窗台層板增加置物面積，為避開上方樑柱而設計的同色系木皮床頭背板也能用來擺置床邊小物。

CASE **05**

減一衛、拆一牆，變出更衣區與中島台

文｜Jenny　空間設計暨圖片提供｜一葉藍朵設計家飾所

HOME DATA

★ **坪數**｜19 坪
★ **成員**｜2 大人
★ **使用建材**｜磁磚、霧面玻璃、鐵件、超耐磨木地板

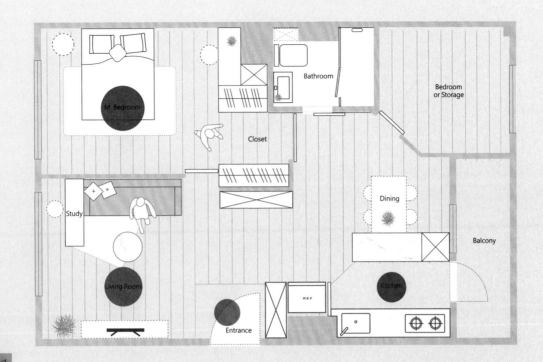

收納重點 |

A **玄關** | 入口處利用懸空式鞋櫃巧妙區劃出空間隱性獨立感,同時創造出收納
鞋子與鑰匙、生活小物的需求。

B **客廳** | 量身訂製的鐵件與木質框架書牆,賦予書籍、家飾等物件的擺放與展
示,也成為一進門獨特的視覺焦點。

C **主臥** | 臥房經過格局微調,為女主人打造出開放型態的更衣間機能,更運用
牆面落差深度建構出實用的閱讀與梳妝角落。

D **廚房** | 拆除封閉的一字型廚房隔間,以半高吧台增設鍋碗瓢盆儲藏區,同時
也安排落地式電器櫃,擴充小廚房實用性。

原始兩房兩廳兩衛的 19 坪住宅，可想而知每個空間坪效有限，原始廚房除了狹窄，對喜歡烹飪的女主人凱西來說，各式烹飪道具的收納成為難題。另外，夫妻倆也希望各自擁有衣物收納區。於是，在確定未來成員結構僅有兩人後，綜合不同生活習慣，設計師重新對格局調整了一番。

將一字型廚房隔間拆除，以凱西夢想的中島台連結餐廳，中島台賦予豐富的鍋具餐盤儲藏，一旁則是齊全的電器櫃，正好巧妙隱藏於角落，讓廚房不顯凌亂。

另一個較大的變動在於取消主臥附屬衛浴，爭取規劃兩排深度 65、60 公分的衣櫃及梳妝檯，並結合回字型動線，型塑出有如開放更衣區的效果。除此之外，次臥設定為男主人更衣間與運動區，隔間改為斜角切割，不僅省去走道的浪費，對於餐廚區來說也有延展寬廣視覺作用。其他像是客餐廳之間的牆面，利用訂製家具，創造出可收納、展示的複合材質櫃體，也為玄關入門增添美好的端景。

● 溫暖清新的木質氛圍

客廳區域以白色及淺色木質基調為主，並稍微將隔間往後退一些，讓空
間感更為寬闊舒適，隔間上則局部嵌入霧面玻璃，對於視覺與光線的延
伸性更好，此外，客廳採取活動式家具，簡約俐落的線條，搭配木質層
板收放著用心佈置的家飾，打造倆人的生活品味。

● 斜切隔間、橫拉門，放大空間感

將原本主臥房門尺度加大至 100 公分左右，並更改為拉門設計，衛浴、次臥門片也同樣是
拉門形式，對於小坪數住宅而言可以節省空間又能提升坪效，另外，次臥隔間特意採斜角
切割，避免走道浪費，光線也可穿透至此區，原本略微狹隘的餐廳也跟著變大了。

● 繽紛和諧的專屬特調色

屋主凱西曾對設計師表示，若身處全白色的屋子，大概會崩潰吧！於是，設計師嘗試許多材質與色彩計畫，希望呈現專屬倆人繽紛又和諧的特調。打開主臥房，大膽選用湖水綠配上鮭魚粉衣櫃，讓空間充滿驚喜，配上凱西和老公自行採購的梯架、邊几，隨性又有生活感。

● 翻轉衛浴配置，動線更寬廣

原始衛浴配置，造成動線使用的狹隘侷促，且一開門即見馬桶，設計師重新更改設備位置，推開橫拉門，首先映入眼簾的是西班牙花磚牆，讓心情更為愉悅。如廁區與洗手台向左翻轉，尺度也稍微放大，使用上更為寬廣舒適。

中島台＋電器櫃，小廚房有大收納

狹窄的一字型廚房，對喜愛料理的凱西來說一點也不好用，還得煩惱各種鍋具、廚房道具的收納，藉由隔間的拆除，改為採取中島台設置，中島台下方是滿滿的抽屜可儲藏，右側甚至包含電器櫃。也因此，另一側足以捨棄吊櫃，透過木質層架直接放置常用的器具或瓶罐，冰箱側牆亦納入洞洞板，呈現自然生活感。

1

2

懸空鞋櫃兼具隔間，劃設冰箱收納區

將廚房隔間予以拆除後，玄關右側運用 120 公分長的櫃體劃設，櫃體後方正好成為冰箱收納區，視覺上更為美觀之外，也可與一字型開放廚房連結，創造出流暢的烹調動線。除此之外，也獲得較大的鞋櫃收納量，搭配局部鏤空小屋造型，增添活潑感，亦兼具展示之用。

3

取消主浴，擴增梳妝與更衣區

簡化主臥衛浴，以深度 65、60 公分的衣櫃，打造出開放式更衣區，並採回字型動線設計，一側拉門整合穿衣鏡，方便做穿搭使用，65 公分衣櫃後方的 L 型牆面落差，巧妙成為梳妝區，除了桌面，更有層板與門片式櫃體，可收納書籍、包包或保養品。

CASE **06**

複合、內嵌設計，小宅「擠」出超強收納

文｜Jenny　空間設計暨圖片提供｜十一日晴空間設計

HOME DATA

★ **坪數**｜13.5 坪
★ **成員**｜2 大人
★ **使用建材**｜超耐磨地板、磁磚、壓克力漆、實木皮板、刷漆

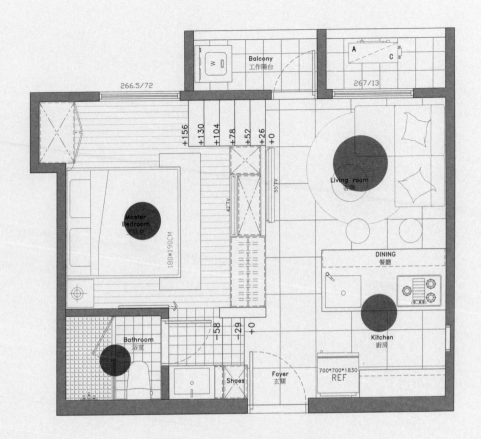

收納重點 |

A 客廳 | 透過一道簡單俐落的白牆，巧妙內嵌設備櫃，提供基本收納需求，木質層架勾勒畫龍點睛的視覺效果，也賦予書籍的展示。

B 廚房 | 利用新砌的木作牆面，規劃出深度 15 公分的層架，可整齊收納各式瓶罐，洗手台面下也具備抽屜櫃，方便放置浴室所需物品。

C 主臥 | 除了運用與電視牆整合的牆體厚度，一方面將原始角落ㄇ字型空間重新規劃，創造出兩座衣櫃的收納容量。

D 衛浴 | 利用寬 120 公分、深 100 公分的中島台面，加上選用收納細節較強的日系廚具，增加餐廚區域的儲藏空間。

僅僅 13.5 坪的小住宅，居住著一對新婚夫妻，倆人也明白空間有限，因此預計等到孩子出生、學齡前階段便是換屋時間，雖然目前居住成員單純，不過由於女主人過往的生活經驗與收納習慣，還是期盼收納空間能多一些。

「愈小的房子設計愈困難，對於每個尺寸都要錙銖必較，櫃體也必須要安排得巧妙，否則反而會壓縮空間感。」設計團隊說道。特別的是，小宅為複層式結構，進門為 285.5 的屋高、左側樓梯往下則是 4 米，於是，在兩者間劃設一道簡約白牆，除了界定出公、私領域，也運用這道深度

60 公分的牆面整合設備櫃、衣櫃、書櫃機能。玄關入口除了懸空式鞋櫃，往前走幾步，也就是 60 公分牆面側邊，以掛鉤、層板提供衣帽、包包、鑰匙等隨身物品放置，整合外出、返家的動線思考邏輯，幫助屋主隨時維持空間的整齊。

除此之外，包括 100 公分深的中島台也結合餐桌用途，加上特別選用日系品牌廚具，強化餐廚區收納功能；遊戲區運用一樓衛浴上方閒置空間，增設出 0.7 坪左右的儲藏室，讓小宅機能一應俱全，未來一家三口也能好收好用。

● 藕色、木質調勾勒簡約舒適氛圍

女主人喜愛窩在沙發上，客廳儘可能維持可配置雙人沙發的尺度，硬體設計簡單乾淨，不論是背牆、電視牆皆運用木質層板勾勒，於藕色牆面上形成畫龍點睛的視覺效果，也讓書籍變成空間中最自然的裝飾物件。

● 中島廚區創造互動親密

增設的中島台，以面向客廳的料理動線為規劃，保有夫妻倆人的互動，毗鄰抽油煙機的牆面，局部搭配與廳區相近的藕色烤漆玻璃，方便擦拭也更為協調。一字型廚具牆面貼飾幾何復古磚，搭配蘋果綠吊燈，傳遞自然清新的小宅風景。

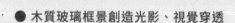

● 畸零角落、踏面深度化身收納

臥房改為橫推拉門，爭取寬敞舒適的生活動線，除了複合牆面帶來的衣櫃、電視櫃機能外，臨窗區既有的ㄇ字型結構，也充分利用為衣櫃，內部以層板搭配抽屜櫃形式，彌補另一座衣櫃的收納量，而樓梯下畸零結構，則運用木層板設計，做為展示與書牆，樓梯踏面深度也成為臥房儲藏空間，讓每寸空間皆不浪費。

● 木質玻璃框景創造光影、視覺穿透

二樓空間預設為小孩房、遊戲區，木質玻璃框景巧妙製造空間、光影的穿透，書牆、抽屜櫃深度來自複合牆體的規劃，框景處的抬高地面，實則為吊隱空調藏身處，一來也可做為座椅使用，白膜門片內部更隱藏了一間 0.7 坪儲藏室，為小宅創造多一倍的收納。

1

複合式牆面，統整設備櫃、衣櫃、書櫃

在客廳、臥房之間運用 60 公分深度作為複合式櫃
體，既存在內嵌式設備櫃，對臥房而言則是具備
電視櫃、衣櫃用途，二樓遊戲區更是實用的書牆、
抽屜櫃，除此之外，複合式牆面的側邊，更結合
掛鉤、層架，成為玄關的衣帽包包收納區。

2

與隔間融為一體的浴櫃

將原始功能簡便的洗手台予以拆除，重新在鞋櫃、洗手台之間
增設一道木作隔間，讓隔間一併納入深度 15 公分的層架，滿
足女主人各式瓶罐的收納需求，不僅如此，洗手台也特意抬高
處理，除了有解決潮濕的問題，此高度亦可放置不鏽鋼籃、籐
籃，收放換洗衣物，未來還能放置椅凳，方便孩子使用，而不
鏽鋼橫桿則是做為懸掛毛巾。

3

100 公分中島台整合收納與餐桌

原始簡單的一字型廚房，對於需要收納各式烹飪道
具、雜貨乾糧的餐廚而言，使用性實在不足，加上
受限於坪數，若要配置一般餐桌形式，恐怕得縮減
客廳比例，考量女主人生活習慣後，在客廳、廚房
間增設一座深度 100 公分的中島台，除了外側可內
縮規劃適當的座位區，內側結合具有強大收納功能
的日系廚具，達到麻雀雖小、五臟俱全的收納量。

CASE **07**

把收納藏樑下，空間
與機能最大化

文｜Jenny　空間設計暨圖片提供｜欣琦翊設計

HOME DATA

★ **坪數**｜28 坪
★ **成員**｜2 大人
★ **使用建材**｜海島型木地板、珪藻土、環保水性漆、橡木實木皮板

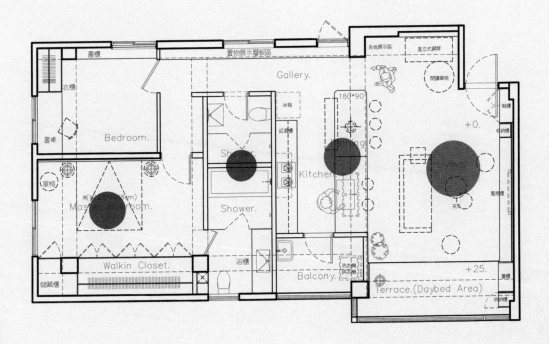

收納重點 |

A 客廳 | 由入口處延伸規劃複合式櫃牆，整合鞋子、設備等收納機能，白色鐵件層架兼具展示平台，且帶來輕盈俐落視覺效果。

B 餐廚 | 廚房隔間拆除後，一字型廚具納入紅酒櫃與嵌入式烤箱，中島廚區下方有豐富儲物，訂製鐵件吊架可擺放酒杯、酒瓶也賦予照明功能。

C 主臥 | 運用樑下空間配置 80 公分深的衣櫃、儲物櫃，滿足大量衣物、行李箱等儲藏使用，宛如嵌入牆面的立面，空間俐落舒適。

D 衛浴 | 調整格局擴大主臥衛浴，置入大比例台面，除了能整齊收納各式衛浴用品之外，也一併結合女主人梳妝保養機能。

　　屋齡 30 多年的老屋，原始屋況條件還算不錯，主要問題是空間橫亙著許多大樑，一方面夫妻倆擁有大量書籍，平常喜歡彈琴玩吉他、小酌幾杯的嗜好，期待能藉由改造獲得滿足。

　　首先針對格局進行微整型，打開廚房隔間使空間更形寬闊，也透過中島廚區與餐廳的串聯，徹底發揮坪效，中島廚區下方隱藏大量收納，量身訂製的白色鐵件吊架，不但具備 LED 照明，亦可擺放酒杯、酒瓶，也為空間製造個人特色，而一字型廚具則結合紅酒櫃與嵌入式烤箱，以及充裕的鍋具碗盤儲藏，機能性十足。

　　除此之外，原始主臥衛浴予以擴大，使其擁有完整的乾濕分離設計，也置入大尺度台面，提供浴室用品收納外，也是女主人的梳妝區，動線流暢且節省空間。在公共廳區惱人的低矮大樑，巧妙採取木質框景打造休憩與閱讀兼具的臥榻設計，倚牆面規劃書櫃、儲物櫃，把雜亂收得一乾二淨，臥榻下更有抽屜使用；走道上的大樑，利用兩道簡單的木層架化作書廊，主臥房樑下空間則改造為 80 公分深的大衣櫃與儲藏櫃，不只能收衣物，行李箱、各式換季家電通通都能收進櫃子裡，營造出簡單俐落的氛圍。

● 中島餐廚釋放空間尺度

經過格局重新整頓，開放式中島餐廚的結合，充分達到寬闊空間尺度的效果，懸掛於大樑下的訂製鐵架、燈具，輕巧俐落的白色量體拉出美好的水平軸線，鐵架亦是最自然的酒杯收納，水槽特意面向廳區規劃，賦予良好且親密的互動。

● 機能滿分的複合式櫃牆

善用公共廳區的結構樑下，順勢發展出複合式櫃牆，入口處的懸空式櫃體，隱藏鞋櫃與各式設備、網路分享器收納，白色鐵件層板提供展示用途，運用不同形式的儲藏規劃，使立面更具層次與變化，深色珪藻土則可削弱電視量體的存在。

● 善用牆面、樑下打造收納展示

將原本進門處的右側暗房予以取消，成為夫妻倆的音樂角落，
以木作打造吉他展示牆，形成家中最自然且充滿生活感的裝
飾，沿著走道則規劃了木質層板，既可化解樑位，也營造出人
文書廊般的效果。

● 複合式浴櫃結合梳妝台，
　　提升坪效

主臥衛浴拉大空間尺度，得以擁有完善乾
濕分離規劃，及淋浴與浴缸的雙重享受，
寬大的洗手台面下安排收納櫃體，強大的
收納機能，不但能將清潔、衛生用品收得
乾淨，也成為女主人實用梳妝區，各式瓶
罐都能隱藏起來。

架高臥榻兼具實用與框景

面對客廳大樑結構，巧妙運用架高臥榻延伸木質基調框出一面窗景，臥榻具有 90 公分深平台可休憩、閱讀，下方也擁有抽屜可使用，倚牆面同時發展出書櫃、儲藏櫃，滿足夫妻倆大量的藏書需求，將收納化有形於無形之中，又能打造寬敞無拘束的空間感。

中島餐廚創造高效能收納

大樑下配置中島廚區，讓主要行走、站立等動線避開樑位，保有高度的舒適性，中島廚區下方擁有強大收納機能，將收納隱藏於無形，一字型廚具上、下皆有櫃體之外，底櫃也結合烤箱電器、紅酒櫃，滿足屋主小酌需求，甚至藉由訂製吊架放置酒杯，營造別具生活風格的自然感。

樑下化身大型衣櫃、儲藏櫃

老屋面臨到的大樑問題，利用樑下空間設置大面櫃牆，簡約俐落的立面設計，塑造出有如嵌入牆面般的視覺效果，實際上內部深度達 80 公分，比起一般衣櫃足足多了 20 公分的深度，不僅僅能收大量衣物，甚至連行李箱與各種換季家電、寢具也能收得乾淨俐落，同時充分化解橫樑困擾，也避免造成空間的浪費。

CASE **08**

讓美型收納成爲基本生活品味

文｜陳佳歆　空間設計暨圖片提供｜新澄設計

HOME DATA

★ **坪數**｜25 坪
★ **成員**｜2 大人
★ **使用建材**｜大理石、木皮、超耐磨地板、鐵件、MDF 塑合板

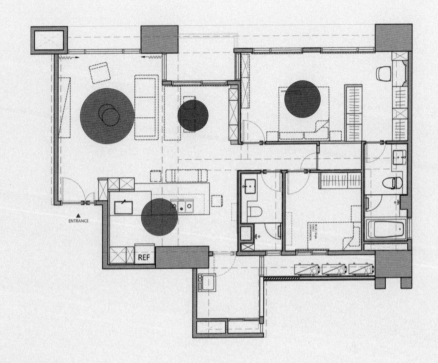

ENTRANCE

REF

收納重點

A **客廳** | 以可移動式家具收納客廳小物件，藉此減少收納櫃量體，以保留最大
的活動空間。

B **廚房** | 一字型工作台面下方為廚房主要收納區，其餘常用的廚房工具則採吊
掛方式，以利下廚隨手就近取用。

C **書房** | 書房後方以嵌入方式，置入結合開放與封閉式櫃體，達成收整書籍、
文具小物與陳列飾品目的。

D **主臥** | 利用櫃體區隔寢臥與更衣區，開放式設計讓衣服一目瞭然，也可清楚
分配男女主人的衣物收納。

年輕夫妻買下小坪數住宅做為展開人生新階段的起點，女主人有獨特的生活品味，希望新空間呈現優雅的粉色調，在預售屋階段設計師就重新描繪空間輪廓，將個人風格和舒適感揉合，型塑質感與功能兼備的居住空間。

原本建商規劃 3 房 2 廳的格局使坪數不大的空間難以運用，也不適合夫妻倆人的生活形態，因此設計師整合被分割過於零碎的空間，移除客廳後方的牆面，同時將獨立式廚房展開，讓客廳、書房及餐廚空間保持開放性，收納則因應使用需求平均分配在空間之中，半開放及隱閉形式的

櫃體，創造收納即展示的效果；二間相鄰的臥房整併為一間大主臥，並結合站立式開放衣櫃，與衛浴動線串聯成流暢的使用體驗，如此一來可讓廊道底端的空間增加一個儲物室。

展開公共區域後也引入大量的自然光，設計師以女主人挑選的家飾做為空間風格的延伸，選擇溫暖的原木鋪設地面和天花板，將屋主喜愛的粉色融入黑、灰作為主題色調，再適度以金色配件勾勒細節，營造出溫暖的當代北歐風情。

● 明亮採光與色調打造北歐風格

根據空間特質規劃格局，移除原本書房與客廳之間的牆面，公共區域因
此更為明亮開闊，同時以屋主收藏的軟件家具為靈感，打造北歐斯勘地
那維亞風格，天花板與地板以斜拼木板仿造閣樓小屋，並將淺粉色帶入
黑灰白創造層次，帶出簡約卻不簡單的設計感。

● 簡化裝飾主臥滿足寢居功能

斜拼地板延伸到主臥，寢居區機乎沒有任何裝飾，只在兩側牆面運用粉色和灰色塊交集出
空間幾何表情，呼應整體空間風格；簡單的櫃體區隔出更衣區並在動線上串聯衛浴，滿足
沐浴、更衣、梳妝功能也讓流程更為順暢。

● 開放收納展現選物品味

開放式廚房視為整體空間的一部分，因此規劃收納時需考量到生活美感，木製工作台面下方主要收整鍋碗瓢盆等零散的料理工具，以維持可視範圍的簡潔感，水槽周圍則以開放層架收放洗乾淨的水杯，牆面吊掛式的收納能隨手收整常用的刷具及鍋鏟，同時能看到女主人選物的水準。

● 餐廚置入中島創造休閒生活感

將原先密閉窄小的廚房展開，與餐廳串聯成開放的餐廚區，一字型中島銜接料理台與水槽，讓喜愛下廚的女屋主，擁有更寬闊的台面處理食材，中島底座以灰色幾何圖案與公領域設計能彼此呼應；為了保留通往後陽台的走道寬度，以洞洞板收納牆面取代櫃體，方便放置食譜、雜誌等小物。

運用設計物件展現美型收納

客廳以展示收納概念呈現，利用特色收納物件裝飾空間，兼具設計感與實用功能，像是入口處黑色鐵架掛飾，可吊掛外套及包包，小推車能隨手放置鑰匙零錢，圓型茶几則收納電視、冷氣等設備搖控器；為了搭配女主人收藏的五金配件訂製一座藍色電視矮櫃，也是客廳裡較大量體的收納，主要整理影音設備及雜物，玄關轉角鞋櫃是少數固定櫃體，以仿大理石 MDF 塑合板打造搭配金色把手裝飾，弱化大型體積帶來的壓迫感，不但增加空間紋理質感，同時達到收納於無形效果。

1

簡化收納回歸純粹睡眠

2

主臥主要考量大量衣服的收納，因此先劃分出寢臥及更衣區位置，寢臥區不做固定櫃體，以保有睡眠時的簡約寧靜感，僅在床頭採用附輪子的活動架擺放乳液、水杯等隨手物品，牆面層板架用來放置睡前閱讀的書本及時鐘，灰、黑、粉三色也讓空間視覺有重心焦點。利用二座櫃體圈圍出更衣區，男女主人可一人一邊，享有各自收納衣物區，抽屜採用半透灰玻設計，隱約透視便於尋找衣物，櫃體更整合梳妝檯功能，讓小空間有效被運用。

CASE **09**

將貓咪行為納入收納
設計思考

文｜王玉瑤　空間設計暨圖片提供｜大秫設計

HOME DATA

★ **坪數**｜20 坪
★ **成員**｜2 大人
★ **使用建材**｜木紋磚、水泥板、長虹玻璃、美耐板

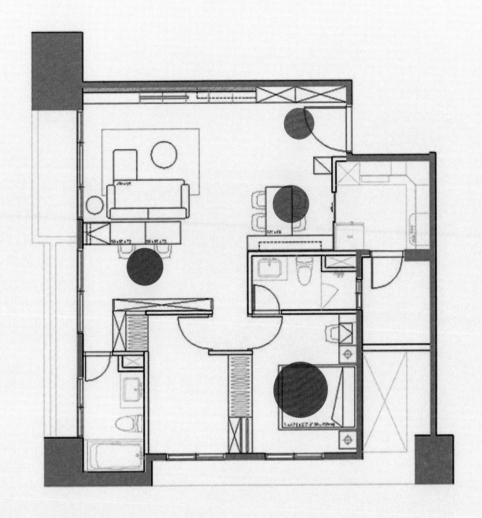

收納重點 |

A **玄關** | 保留建商原始櫃體，另外增加一座高櫃，藉此擴充收納，以收進鞋子
及其餘生活雜物。

B **餐廳** | 收納櫃結合門片、拉抽兩種收納形式，以收進不同物品，並在牆面安
排收納層板增加收納。

C **書房** | 在書架最下層增加門片，藉此不會侷限收納物品種類，同時增添書牆
造型變化。

D **主臥** | 大型櫥櫃主要收納衣物區深度約 60 公分，電視下方抽屜深度較淺，專
收小型物件。

　　這是一個只有約 20 坪大小的家，關於居住空間的需求，不只要滿足屋主的期待與要求，也需將居住者之一的貓咪一併考量進去，尤其針對貓咪喜歡跳上跳下，可能因此推倒物品的狀況，設計師更需特別想出合適的對應方法。

　　屋主希望規劃出一間書房，但考量若另外再隔出一房會影響空間感，讓人感覺變得狹隘，因此以開放式設計做解決，將客廳、餐廳及書房串聯成一個大空間，成為全家人主要活動的公領域，而沒有了隔牆阻礙，生活動線重疊家人互動增加，也能確保小坪數居家的開闊感。

　　回應屋主喜愛的無印良品風，大量使用原木素材與白色，來強調風格乾淨無垢特色，分佈在每個空間的收納櫥櫃，更是延續此一風格元素，只是特別加重白色比例，藉此降低量體沉重感，並在門片把手採用鏤空、圓形等設計，增加視覺律動。而特別在部份開放收納層架加裝玻璃，是為了防止貓咪跳上層板時推落物品。

● 不只收納櫃，還是貓跳台

原始空間雖然已有高櫃，但收納量略有不足，於是擴增一座高櫃，來滿足收納需求，舊櫃並更換門片，藉此與新櫃統一外觀造型。另外在其中一座櫃體，刻意做出 ㄈ 字鏤空，經過距離計算，再結合電視牆上的貓跳台設計，鏤空處便成了行走動線中的跳板之一。

● 開放格局創造開闊空間感

小坪數空間隔間過多，容易造成空間分割而變得零碎，因此屬於公領域的客廳、餐廳與書房，以開放格局做規劃，僅以家具做出隱形界定，藉此保留空間完整性，並達到最大限度的開闊效果，也能確實消弭因隔牆造成的狹隘、壓迫感。

● **靈活收納的混搭設計**

書架不只要收書本,也要擺放屋主的展示品,因此整面收納牆
以開放與封閉兩種形式搭配,最下層不影響空間感,安裝門片
避免雜物收納外露,上層開放層架背牆刷上深色做出對比,豐
富視覺變化;另外在每個層板安排可自由滑動的玻璃面板,替
易碎物品加強防護,避免被貓咪推落摔破。

● **櫃牆合一節省空間**

為了節省有限空間,相鄰的主臥與次臥間
的隔牆,改以頂天高櫃做取代,並以主臥
使用為主,將主要收納衣物的區域,深度
做至 60 公分滿足收納量,另一部份配合輕
薄電視款式,抽屜深度不到 60 公分,把剩
餘深度讓給次臥使用,規劃成次臥收納。

轉移焦點，淡化櫃體存在

想讓櫃體看起來更加輕盈沒有壓迫感，除了在造型上懸空與採用輕淺色調外，把手採用鏤空、圓形做出吸睛造型，並以規律或隨興方式安排，轉移視覺焦點，淡化櫃體存在感，其中圓形把手除了開啟門片功能，也兼具掛鉤功能，方便屋主吊掛包包、衣服等物品。

1

2

穿透材質製造透通感收納

收納櫃除了實際收納功能外，若要具展示功能就要考量造型上的美感，尤其開放層架的隔板為必要設計，但數量太多顯得雜亂，也無法展現櫃牆的簡潔俐落。因此隔板可採用透明感的玻璃材質，淡化隔板存在。另外呼應背牆特別選用帶有顏色的灰玻。對應貓咪而增加防護功能的面板，則使用具紋理的長虹玻璃，不只提供適度遮蔽功能，亦不會影響深色背牆視覺效果。電視櫃下方的設備櫃，為了防止貓咪鑽入，特別加裝灰玻門片，除了是搭配鐵件材質，同時也能保留電視櫃懸空設計的飄浮輕盈感。

CASE **10**

隔間整合櫃體，15坪 有儲藏室和L型廚房

文｜Jenny　空間設計暨圖片提供｜一葉藍朵設計家飾所

HOME DATA

★ 坪數｜15坪

★ 成員｜2大人

★ 使用建材｜文化石、沖孔板、企口板

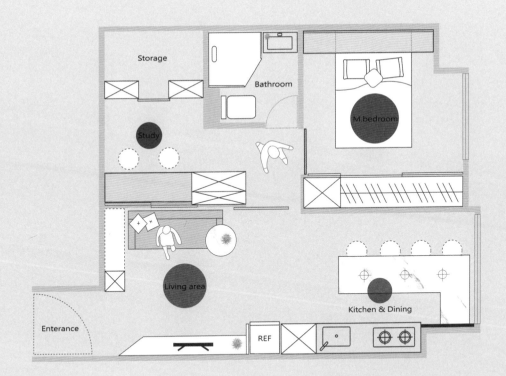

收納重點 |

A **客廳** | 電視牆利用斜切且懸空設計的櫃體，提供設備與其他生活物品的收納，
懸空高度也能同時放置鞋子或是掃地機器人。

B **廚房** | 利用原一字型廚房延伸 L 型吧台、以及電器櫃，為喜愛烘焙甜點的女
主人，增加寬廣便利的工作台面。

C **書房** | 書房規劃兩座訂製書櫃兼具隔間與收納，沖孔板除可懸掛物品，打開
後也隱藏了一間小儲藏室。

D **主臥** | 利用大樑下安排吊櫃，並以木質基調勾勒床頭背板、兩側床邊櫃，增
加被品、換季衣物等收納，也一併整合照明與開關。

身為甜點烘焙師的 meio 和先生買下這間 15 坪的小空間，除了作為住宅，未來也會成為 meio 的小型烘焙教室，一方面男主人 Tommy 是工程師與音樂人，收藏大量工具書外，還有專業電子琴，倆人各自希望能享有獨立的工作區。

然而，原始兩房格局，冰箱與廚房各據一側，使用動線不便，一字型廚房對 meio 而言也不好用，加上實牆隔間的劃設之下，公共廳區亦顯得狹窄。對此，設計師選擇拆除客廳旁的一半隔間，藉由玻璃門窗的通透，加強光線流通也製造開闊放大的視覺效果，半牆隔間更巧妙融入雙側櫃體機能，男主人專屬的工作室內甚至隱藏了 0.5 坪的儲藏間，完美收納各式惱人的雜物或掃除家電。

以玻璃門窗拉出的水平軸線，劃設出公領域範疇，原始冰箱位置納入主臥，擴大衣櫃收納量，一字型廚房則延伸打造 L 型吧台，增加揉製麵糰與各式甜點的工作台面，吧台下也具備大量烘焙道具的收納，洞洞板牆面隨性且自然地懸掛著常用道具；水槽右側更增加電器櫃，冰箱也挪移至此，創造流暢便利的烹調動線。

● **輕裝修重裝飾的風格住宅**

全室以清爽的白為基底,核心區域以霧黑與波那藍點綴,並搭配質樸的木質色,運用輕裝修重裝飾的處理,以生活態度作為空間主角,也更能營造出屬於屋主風格的家。

● **黑板塗鴉牆營造溫暖生活感**

將空間一分為二,前半段主要為公共廳區,對於未來想開設甜點教室的屋主來說,私領域亦可保有隱私,L型吧台兼餐桌的右側牆面運用黑板漆與企口板打造,作為教學更方便合適,也營造出繽紛溫暖的生活氛圍。

● 降低厚重的懸空櫃體

15 坪小宅，一進門就是客廳，為了降低厚重與動線上的壓迫性，主牆櫃體選擇採用懸空設計，側邊特意斜切處理，讓行走動線更舒適，另一側牆面搭配洞洞板、牆面也增設木質層架，透過隨性地家飾擺放，增添自然寫意的生活感。

● 格局微整型，迎來通透開闊視感

兩房兩廳格局透過些微調整，客廳後方的工作室打開半牆隔間，換取通透明亮的舒適感，原本與廚房相距兩端的冰箱也移往與水槽同側，餐廳牆面則予以拉齊處理，空間每一寸都被妥善利用，毫無浪費，又能擁有開闊放大的效果。

1

增設 L 型吧台＋電器櫃

沿著原始一字型廚具另一側規劃 L 型吧台兼餐桌，寬大的台面製作麵包甜點更好用，同時多了櫥櫃收納各式烘焙器具，後方洞洞板牆面可懸掛經常使用的廚房道具，透過格局微調、機能擴充，也滿足未來開設甜點課程用途，水槽右側增設電器櫃，中間抽拉式軌道可放置電鍋或是烤箱，上、下對開門式櫃體則具備大量儲藏功能。

2

加強櫃體與儲藏間規劃

客廳後方的房間作為男主人專屬工作區，打開半牆隔間採取玻璃門窗，增加光線與放大空間感，沖孔板兩側以訂製櫃體，加上半牆隔間也巧妙融入雙面櫃體，滿足大量工具書收納，並利用天花及頂處規劃暗門式櫃體，儲藏使用率低的物品，除此之外，沖孔板亦是滑門，後方安插了半坪大的儲藏室，讓惱人的雜物、掃除家電等都能隱藏在內。

3

吊櫃、床邊櫃增加收納修飾大樑

將原始冰箱預留的ㄇ字型納入成為臥房衣櫃，可藉此增加衣物的收納容量之外，一方面利用臥房橫亙的大樑下，規劃整面吊櫃，作為換季被品、衣物的儲藏，床頭後方也同樣以木作打造背板與床邊抽屜櫃，方便睡前放置隨身配件，如眼鏡、手機等。

CASE **11**

淡化收納存在感，打造愜意開闊北歐居家

文｜王玉瑤　空間設計暨圖片提供｜砌貳設計顧問工作室

HOME DATA

★ **坪數**｜24 坪
★ **成員**｜2 大人＋1 小孩
★ **使用建材**｜超耐磨木地板，實木皮、系統櫃、玻璃、六角磚、木紋磚

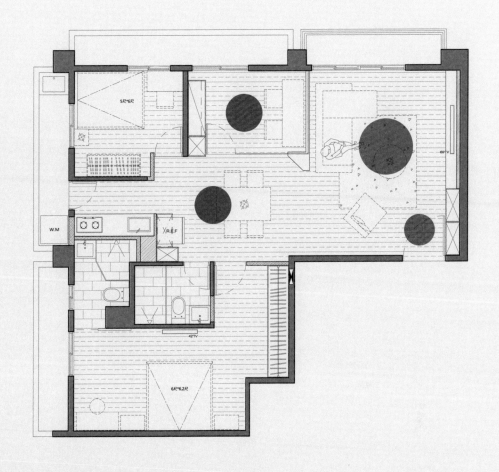

收納重點 |

A **玄關** | 以二座懸空高櫃滿足收納量,造型並與電視牆結合,形成具裝飾性的平面。

B **客廳** | 考量聚會需求,不安排櫃體甚至不放茶几,以維持空間寬敞,只以靠牆現成矮櫃收納必要物品。

C **餐廳** | 書櫃切分出部分空間,打造面向餐廳的電器櫃,另外將冰箱與牆面間的剩餘空間,規劃成餐廳、衛浴共用的頂天高櫃。

D **書房** | 考量收納物品種類,結合開放、門片、拉抽三種形式,讓書櫃的收納功能更多樣性。

三、四十年的老房子，出現壁癌、漏水問題，過去的空間格局也不符合一家人目前的生活型態。於是屋主決定進行老舊翻修以延續老屋生命，且為了打造出更貼近需求的居家空間，格局與動線也依據全家生活習慣重新規劃。

24坪的空間不算大，但屋主希望讓空間感覺更具開闊感，於是在維持原始二加一房的前提下，設計師選擇將公共空間採開放式設計，藉由減少隔牆最大限度打開空間，創造出原大於坪數的寬闊感，其中書房更特別採用玻璃取代實牆隔間，以延伸視覺拉闊空間，同時引入更多光線，解決老屋單面採光困境。

屋主喜歡邀請朋友聚會，需要寬敞的空間招待朋友，因此客廳不安排櫃體，除了沙發不擺放其他家具，更降低電視櫃高度與厚度淡化存在感，與電視牆位於同一立面的鞋櫃，採用懸空設計製造飄浮輕盈效果，以不同設計手法來強調空間的寬闊感。另外，收納高櫃門片選用與牆面相同的木貼皮，讓櫃體融入牆面設計，將收納藏起來，藉此打造出乾淨俐落的居家調性。

● 做好比例分配，收納空間共享

位於空間中心位置的餐廳，由於沒有完整牆面可規劃收納，於是挪出書架部分空間，打造頂天收納櫃供餐廳使用，電器以開放式收納，並附加抽板利於使用，其餘櫃體則採暗門形式設計，表面再以木貼皮修飾，盡可能將收納隱形減少雜亂線條。

● 木質元素串聯成裝飾立面

由於沒有另外隔出玄關，因此把二座鞋櫃與電視牆規劃在同一平面，高櫃採懸空設計與白色烤漆來淡化沉重感，而為了讓整個立面看起來更為和諧，電視櫃設計延伸至鞋櫃，在鞋櫃下方形成收納平台，同時將鞋櫃與電視牆做串聯，最後再利用木質元素與白色調，強化造型美感與視覺協調。

● 視覺穿透創造空間深度

為了強調公共區開闊感，除了客廳大量減少櫃體、家具外，僅用半高牆界定客廳、書房兩個空間，另外再以具穿透特質的玻璃材質，圈圍出書房獨立性。半高牆轉折處不浪費，打造出收納空間擺放裝飾小物。

● 虛化入口製造立面美感

將房門、衛浴入口，以暗壓門片串聯成一道牆面，以淡化門片存在感，呼應整體空間的簡潔調性，另外並在靠近主臥的剩餘牆面貼覆鐵片，製造低調的視覺變化，同時也能在上面黏貼留言，成為增添家人互動的留言板。

高櫃融入牆面隱於無形

高櫃採嵌入手法設計，藉此可善用畸零地，獲得收納空間，又可拉齊牆面線條，並將房門及櫃體門片統一使用暗壓式門片，強調視覺俐落感，再以相同的木貼皮修飾表面，藉此便可讓高櫃自然融入牆面，達到滿足收納需求與視覺美感雙重目的。

降低高度製造開闊感受

不論電視櫃或收納櫃，皆以較為低矮的設計與款式做選擇，像是電視櫃懸空離地 20 公分，造型也走向輕薄，現成收納櫃高度則僅至腰部，高度刻意降低可避開進入視線範圍，減少視覺上的阻礙，有助於創造出空間的寬闊感。

收納混搭，消除封閉壓迫感

造型混搭開放、封閉式二種設計做變化，不論是結合鞋櫃的電視收納牆、書牆，或者是屋主自行購買的現成收納櫃，適當搭配兩種收納形式，既可對應收納物品，亦有輕化、輕盈效果，同時也能增添櫃體線條與變化，為整體空間帶來更為豐富的視覺。

CASE **12**

老屋改頭換面，細節都在玄關裡

文｜陳婷芳　空間設計暨圖片提供｜湜湜空間設計

HOME DATA

★ **坪數**｜25 坪

★ **成員**｜4 大人＋2 小孩

★ **使用建材**｜木料、超耐磨木地板、水泥、鐵件

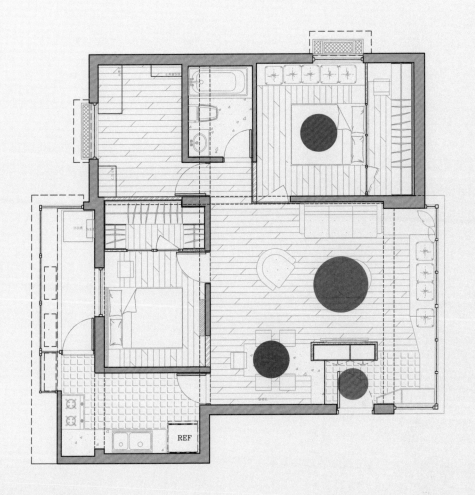

REF

收納重點 |

A **玄關** │ 以頂天立地的鞋櫃代替隔間牆,藉此既可界定出玄關區域,亦能滿足
全家人鞋子收納量。

B **客廳** │ 玄關鞋櫃背面延伸功能成為電視牆與電視櫃,另外開窗的臥榻也發揮
收納效用。

C **餐廳** │ 中島型餐桌的餐櫃利用鞋櫃側面設計。

D **主臥** │ 採用較具通透感的茶玻拉門,做為更衣間門片,達到延伸視覺,放大
空間感目的。

老屋改造往往是檢視一個房屋機能的最佳時機，老舊的格局是否不合時宜？這戶位於市區的小住宅，25坪空間裡住了三代同堂，30多年屋齡有漏水和壁癌等老屋困擾，但擁有三面採光的絕佳優勢，讓每個房間空間都能分享光線的生活視角。

由於改建前的原有格局沒有玄關，一進門就是整個客廳的中心位置，屋主僅以木作隔屏遮蔽作為進門時的緩衝，於是門口鞋櫃與隔屏之間堆疊相當多鞋盒，而原始沙發與電視的相對位置，位在空間的長向，使人坐在沙發上觀看電視的距離太遠。

設計師在不破壞老屋牆體和結構的原則之下，藉由增加玄關設計作為老屋改頭換面的重心，以期更符合屋主所需的收納機能。先是在進門處設計了一座頂天立地的鞋櫃，鞋櫃的背面則作電視牆使用，順著玄關轉進客廳，在客廳開窗側的下方設置臥榻，使得全室採光依然通透敞亮；從鞋櫃另一側延伸出一座中島型餐桌，每天一家人聚在一起情感交流，如同每個空間緊密連結，給予家人微小而確定的幸福。

● 中島型餐桌帶入玄關端景裡

在進門面對櫃體位置的對應關係上，左右兩邊分別通往客廳與餐廳，設計師以一個矮櫃隔開了玄關與餐廳空間，矮櫃上方搭配工業風格的沖孔鐵板取代實體牆面，讓開窗採光得以穿透照亮，也可以由此看到家人回來了，另一方面利用鞋櫃延伸一座中島型餐桌，加上金屬吊燈，將餐廳定位固定住，猶如一面隱約的端景。

● 玄關輔助動線與收納雙收效

玄關是這個家變動最大的元素，牆體完全沒有增建或拆除的情況下，設計師利用櫃體代替隔間牆，加上開窗的下方設計臥榻，連結起玄關與客廳之間的動線，如此一來進門時可以給予緩衝的空間。除了一座頂天立地的鞋櫃，玄關側邊還有矮櫃輔助鞋櫃收納，加上臥榻的收納容量，強大的收納機能讓屋主超滿意！

● 臥房結合臥榻與更衣間設計

具備三面開窗採光條件，臥房窗戶也要發揮採光優勢，考量臥房坪數小，利用開窗下方規劃臥榻，藉以簡化桌椅家具佔用空間，同時又能創造收納機能，臥榻自然而然營造出放鬆慵懶的生活情趣；更衣間則使用穿透性材質的茶玻拉門，透過鏡面反射形成空間深度，放大空間視覺感。

● 水泥臥榻輔助客廳收納

雖有一整面帶狀窗戶，但窗戶高度比較高，因此在客廳開窗側下方，規劃一座長達 4 米 5 的水泥臥榻，連接客廳沙發區及玄關，水泥臥榻轉至沙發旁時，可當作邊桌使用。水泥臥榻下方就是恰到好處的置物空間，一方面可規劃收納櫃，輔助客廳無茶几時的物件擺放使用，讓客廳隨時能維持整潔清亮的空間感。

發揮牆面作用的鞋櫃收納

1

為了同時解決原始屋況沒有玄關,及屋主有太多鞋子鞋盒的收納需求,以一座頂天立地的鞋櫃定位玄關場域,給予一個適度緩衝的空間,這座鞋櫃不但代替了隔間牆作用,同時可提供收納 55 ～ 60 雙鞋,順著玄關轉進客廳,側邊也有矮櫃輔助鞋櫃收納,鞋子總收納量約可達 75 ～ 80 雙鞋,大大滿足了屋主最需要的鞋櫃需求。客廳的水泥臥榻延伸到玄關落塵區,剛好可以作為穿鞋椅使用。

2

臥榻穿衣鏡與餐櫃面面俱到

進門的櫃體和所有空間相對應關係發揮透徹,每個空間所使用到的收納需求整合一起,也將收納設計主軸化繁為簡。除了玄關的鞋櫃收納,鞋櫃背面是電視牆,並將櫃體底部空間保留做為電視櫃使用;從玄關進入廳區時,鞋櫃側面巧妙採取鏡面設計,屋主準備外出時,方便照鏡子整裝儀容;鞋櫃另一側分配給餐廳空間,作為中島餐桌的側櫃用途。

CASE **13**

收納融入牆面設計，
創造極簡無印居家

文｜王玉瑤　空間設計暨圖片提供｜新域創作

HOME DATA

★ **坪數**｜25 坪
★ **成員**｜2 大人＋2 小孩
★ **使用建材**｜鋼刷木皮、白色噴漆、仿清水模漆、海島型實木地板

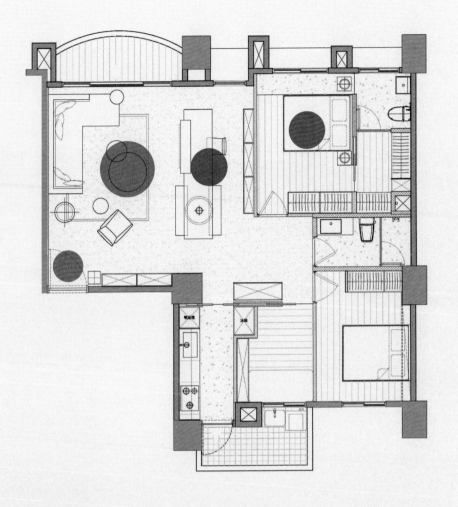

收納重點 |

A **玄關** │ 利用結構樑柱下的空間，做出大面收納牆，並在牆下延伸出收納平台，
　　　　　　 轉折至入口則變化成穿鞋椅。

B **客廳** │ 主要收納依賴側牆面收納牆，採用木格柵加以隱藏，電視牆只留下放
　　　　　　 置視聽設備的淺櫃。

C **餐廳** │ 收納以懸掛於仿清水模牆的兩座高櫃為主，另外在廚房出口牆面安排
　　　　　　 吊櫃與矮櫃，輔助收納餐具等用餐物品。

D **主臥** │ 調整主臥衛浴配置，藉此規劃出收納充裕的更衣室，收納屋主夫妻的
　　　　　　 衣物、包包等物品。

　　屋主喜歡無印良品風，因此在材質使用上有了明確使用類型，而潔白無垢又極簡的空間風格，則必須依賴強大的收納計劃來達成。首先設計師將肩負空間最大量收納安排在結構樑柱內凹處，藉此節省空間同時將空間線條拉齊，再以木格柵貼覆修飾結構巨大樑柱，並與收納門片串聯形成一道牆面，讓樑柱、收納隱形，抹去多餘線條，營造出視覺上整齊俐落感。

　　空間格局規劃上，屋主希望給兩個孩子一個無拘無束的活動空間，加上坪數本來也不大，不適合再做太多隔間分割空間，所以把家人共同使用的餐廳與客廳劃為公領域，並做成開放式設計，藉此留出寬敞的生活空間，也增加家人互動。

　　材質選用呼應風格調性，以白色與原木做為基礎，只在其中一道牆面採用仿清水模漆，增加空間裡的極簡禪意，至於容易展現生活感的收納櫃，不只延續風格元素，刻意收斂過的造型線條，也能毫不突兀融入空間風格，成功兼具實用與美感。

● 半高電視牆製造空間互動

電視牆刻意採半高設計，藉由留出穿透感製造更為開闊的空間感，另外將餐桌與電視櫃鑲嵌在一起，宛如從電視牆延伸出來的餐桌，便可延展至電視牆背面，拉長餐桌可使用範圍。而刻意將牆面刷白，除了有輕化牆面作用，搭配原木餐桌，也能形成視覺上的一致，呼應整體空間的風格元素。

● 分散收納強調極簡無壓感

乍看之下收納櫃不多，其實是將櫃體分佈在各個牆面，刻意讓牆面得以留白，製造出更有餘裕的空間感。像是餐桌後方牆面的兩座高櫃，依據平衡美感靠右留出牆面，另外在廚房出口牆面，則是安排上下櫃，上櫃為展示作用，下櫃台面則可做為備餐台使用，巧妙分散收納，讓使用需求皆得以滿足，又不造成空間負擔。

● 結合更衣室，打造主臥強大收納

考量到屋主使用習慣，捨去沐浴功能，因此可留出最
大的空間規劃成更衣室。收納衣物的頂天高櫃從床鋪
牆面一路延伸至更衣室，不只收納空間充裕，櫃體採
用的白色門片有如一道牆面，視覺俐落且不會有壓迫
感，若有需求，亦可拉出藏在床頭背牆裡的滑門，隔
開更衣室與睡寢空間。

● 加入質感細節化解牆面單調

完整且大面積牆面雖可強調極簡調性，但也難免顯
得單調，於是利用三條勾縫在白色沙發背牆做出比
例分割，低調製造變化，入口側牆，則是利用木格
柵統一立面表情，且相較於木貼皮，在有一定面積
的牆面採用具紋路的木格柵，相對來說更具視覺效
果，但仍不離簡約自然的風格調性。

高度注入巧思，協助孩子收納

在客廳樑柱下的收納，採用懸空設計，並在櫃體下方延出抽屜收納，定位抽屜位置是依據方便小朋友收納的高度，如此一來有助於小朋友自主做收納，深度有 75 公分，收納空間相當充裕，高度則為 45 公分，看起來輕薄，但即便抽屜轉折至側牆變化成穿鞋椅，也有足夠的承重。

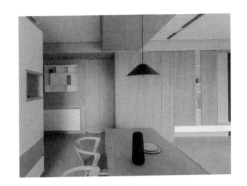

1

2

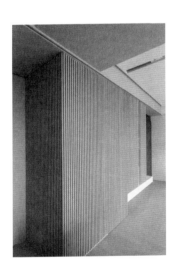

牆櫃結合，製造空間平整效果

居家空間不可避免要有高櫃來滿足大量收納需求，因此採用壁面材質與櫃體結合手法，製造櫃體嵌入牆面的視覺效果，不只能夠有效淡化並隱藏櫃體存在，也有助於收整空間線條，讓坪數偏小的空間看起來更加簡潔俐落，感覺自然更為寬敞，同時消弭因過多櫃體產生的壓迫感。

3

門片線條收整，提昇造型極簡效果

空間線條加以收整，可製造俐落感，讓小空間看起來更開闊。為了簡化線條，櫃體皆採用隱蔽性高，又能讓造型更顯俐落的滑門與暗壓門片，或者藉由設計將把手與門片結合，營造無把手視覺效果，維持立面的平整，也達到預期的簡潔要求。

CASE **14**

善用空間條件，將強大收納化爲無形

文｜王玉瑤　空間設計暨圖片提供｜晟角制作設計

HOME DATA

★ **坪數**｜16 坪
★ **成員**｜2 大人
★ **使用建材**｜實木板、海島型木地板、磁磚

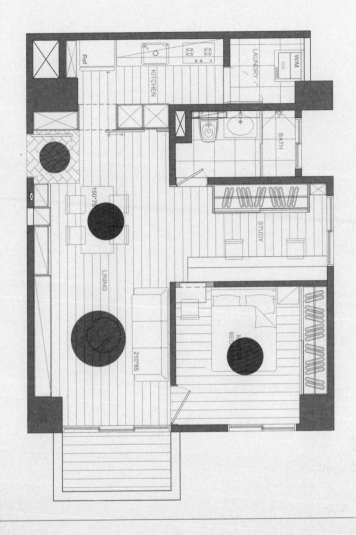

收納重點 |

A **玄關** | 以一座頂天高櫃收整玄關鞋子、雜物，櫃體刻意劃分成對開門與抽屜
兩種形式，對應收納物品也符合實際使用需求。

B **客廳** | 減少櫃體確保空間開闊感，電視櫃也採用貼地矮櫃設計，避免櫃體高
度影響整體空間感。

C **餐廳** | 結合開放、封閉式櫃設計，滿足不同收納需求，同時賦予櫃體更多表
情，增添裝飾性。

D **主臥** | 運用樑下、牆面厚度規劃出收納量充足的衣櫥，以及梳化區擺放保養
品、化妝品的開放層架。

屋主曾旅居國外，希望居家空間，可以保有國外居家常見的開闊感，與自由不受拘束生活動線。除此之外，由於擁有大量衣物，過去經常因收納造成困擾，因此期待可藉由設計巧思解決收納需求。

只有 16 坪大小的空間，原是二房格局，其中一房坪數過小不好使用，且隔牆也造成公共空間狹隘、擁擠感。為了改善小坪數空間狹小感受，選擇從格局做調整，廚房、廁所位置維持不變，移除隔牆打開原來的一小房，規劃成開放式書房，藉此增加空間的寬闊感，也維持空間使用機能。主臥開口原來位在書桌牆面位置，設計師將開口位置做調動，保留牆面完整，以利規劃書房收納。

小坪數最怕量體過大造成空間壓迫感，因此頂天高櫃規劃在結構樑柱、天花樑柱位置，藉此可享有大量收納空間，又能拉齊牆面線條，製造出俐落效果，其餘櫃體則結合開放、封閉式設計，以增加櫃體線條避免單調感，最後再利用木皮、漆色交互搭配豐富視覺，讓櫃體除了實際收納功能外，亦能成為居家空間的吸睛焦點。

● 懸空、開放設計輕化櫃體

為了減少櫃體帶來壓迫感，電視櫃採用45公分高的矮櫃設計，一路延伸至餐廳、玄關區，以擴增收納空間；位在餐廳區的懸空櫃體，則混合開放、封閉式兩種設計，增添收納形式，讓櫃體線條豐富有趣，其中一個收納櫃更以輕淺的粉橘色烤漆做跳色，形成視覺吸睛亮點。

● 元素統一製造俐落視覺感

使用不同於木地板的磁磚界定出玄關落塵區，並將因結構樑柱而留下的畸零地，規劃成頂天高櫃滿足鞋子、雜物收納需求，也有效利用空間。門片外形則因鞋櫃與廚房位在同一平面，刻意統一顏色、風格元素，藉此形成完整立面，讓空間看起來更為俐落，同時也兼具了美化視覺效果。

● **開放規劃讓空間使用更彈性**

書房僅簡單安排書桌與開放式層架,將剩餘空間規劃
成走入式收納櫥櫃,除了可吊掛大量衣物,行李箱等
較大型物品也能一併收進去,特別使用玻璃滑門,減
少高櫃帶來的壓迫感,且因滑門無需預留開門迴旋空
間,櫥櫃深度可做至 75 公分,將收納空間最大化。

● **轉化空間缺點,變身有用收納**

延著天花樑柱規劃頂天收納櫃,門片選用淺色木
紋,除了呼應空間調性,也可降低高櫃沉重、壓迫
感,原來入口牆面不封滿,剩餘牆面厚度,規劃成
梳妝區開放式層架。

1

靠牆規劃不做桶身省預算

居家空間裡的樑柱無法避免,因此設計師將高櫃盡量規劃在有樑柱的牆面,如此一來,不但可善用空間,還能利用樑柱厚度,省去使用櫃體桶身,僅以側板和門片,就能架構出一個大型收納櫥櫃,藉此降低裝潢預算,且因省去櫃體厚度,也更節省空間。

2

根據人體工學規劃省力收納

玄關高櫃上面為對開門,下面則是抽屜,這是考量到若為單一對開門,收到最下層時,使用時需蹲下來,而採用抽屜設計,只要彎腰就能收放,而且除了鞋子,平時的隨手小物、雜物及室內拖鞋等,與層板相比抽屜形式會更加好用。

3

減少把手簡潔空間視覺

想擁有更開闊的空間感,在櫃體設計上就需更用心,除了量體造型設計,把手也是重要一環,不做把手,而是大量採用按壓式門片,可減少櫃體過多線條造成視覺雜亂,拉抽則以挖洞造型替代傳統把手,藉此也能增添趣味元素,達到簡化視覺效果。

CASE **15**

收整於牆的櫃體，不忘視感輕盈化

文｜邱建文　空間設計暨圖片提供｜築川設計

HOME DATA

★ **坪數**｜24 坪
★ **成員**｜2 大人 ＋ 1 小孩
★ **使用建材**｜實木皮、超耐磨地板、系統家具、壁紙、方管烤漆

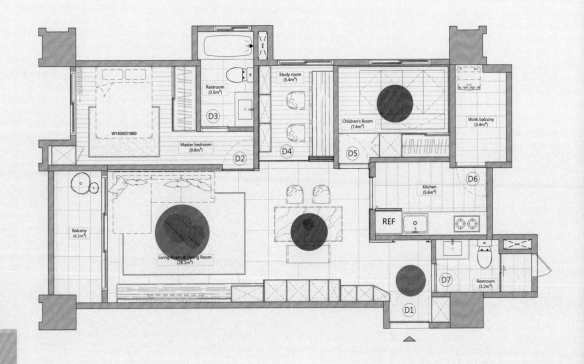

收納重點 |

A **玄關** | 畸零地化為折角的上下吊櫃，除收納外，也型塑出置物平台，而離地
懸空處亦可收拖鞋。

B **客廳** | 以淺木色電視牆搭配陳列櫃，上下錯落可裝飾物件，且不忘貼地延伸
狹長的抽屜櫃。

C **餐廳** | 從玄關吊櫃延伸到餐廳牆面，全面鋪整為收納櫃和電器櫃，且以上掀
式門片設計，便利置放炊煮蒸器。

D **小孩房** | 以淺色實木架高地板，形若臥榻，並以上掀式門片隱藏收納空間，再
搭滑門高櫃，齊收日常與非日常之使用。

　　每個場域各有收納需求，此案既規劃為開放式的公領域，從玄關、餐廳到客廳也可一式呵成串聯起所需櫃體。而長形屋正好迎來一面乾淨的大牆，藉此集中所有的收納與展示，不僅收整樑柱線條，也完全契合落地窗框，讓陽光長驅直入整個室內空間，直接打亮這面牆櫃，賦予輕盈感。

　　大面積的牆櫃要抹除厚重的量體感，除以輕淺的色調呼應日光之外，也須適度的留白，融入懸空、開放式的展示機能、不做滿的造型設計，以產生通透感，又能豐富櫃體的表情，形成上下錯落、凹凸有致的美型櫃牆。櫃體色彩和材質的運用，也因應不同場域的性質做微調變化。為呼應餐廚的光潔感和便於清潔，材質以烤漆刷白，客廳則以木質調鋪陳溫暖的舒適感。

　　至於大件物品和私人衣物，則盡情所能藏於私領域之內，故寢臥以完全實封的隔牆，藉以大做櫃體而不露痕跡。尤其小孩房，以架高的臥榻暗藏收納的玄機，再結合頂天的高櫃，高度發揮零走道的空間坪效。

● 以白呼應陽光，空間變透亮

雖是狹長型書房，卻含納大量的落地窗光，因此櫃體設計延續純淨白色
調，鋪陳明亮的空間感。而不頂天做滿的開放式系統櫃，以方正的格狀
比例拉寬整體視覺效果，亦藉此拉齊對向牆的吊櫃線條，再搭配長度一
致的木桌，一冷一暖均衡色感，又有一式拉開的簡潔俐落。

● 折角玄關櫃體，挹注通透感

入口不過方寸之間，面對狹隘畸零地，要滿足衣帽櫃需求，同時不造成空間封閉感，櫃體
設計跳脫一般思維，以舒緩的折角包覆，讓行走動線自然流暢；並兼顧人體工學，將櫃體
中段挑空，使目視平行之處不受阻礙，藉此型塑出隨手置放小物的平台。而下方離地30公
分的懸空設計，亦符合直接穿脫拖鞋的習慣。

● 收納盡藏寢臥，轉身變方盒

為將更多收納機能藏於私領域之內，書房兩側皆以實牆打造出寢臥，讓櫃體厚重感不至於干擾公領域。客廳沙發背牆以淺灰色延伸轉折進入書房，且以幾何切割線條為裝飾，藉此巧妙融入一道隱形門溝縫，更顯出主臥的不露痕跡。

● 臥榻搭高櫃，隱藏門巧設計

小孩房以大面積臥榻融入收納機能，為容納大件行李箱和換季棉被衣物的尺度，以 40 公分架高床板後，於中央嵌入上掀式雙門片便於收放。經常性衣物，則於臥榻沿牆契入頂天高櫃，並設軌道滑門和內嵌旋轉鏡節省開啟空間；同時為方便取物，在內裝零件組構上，依人體工學，於上端架隔層板、中間緊鎖吊桿、下端巧設抽屜，增添日常使用便利。

玄關到客廳，放大立面效果

客廳以木色牆和餐廳白作為分界，其間的過渡以兩列 60 公分和 30 公分展示櫃，內嵌 LED 燈條賦予柔和色溫，自然而然滑向平整的電視牆，放大了立面的效果。留白電視牆以 15 公分鏤空，讓餐櫃的色彩元素得以繼續延伸，轉身變為抽屜式長形底座，滿足收放書報小物機能，同時不忘以暖木色鋪陳底座表面，賦予層次和精緻感，增加置放風格小物的展示平台，可說跳脫層層疊疊的櫃體框架，添抹隨興裝飾的生活感。

幾何切割線條，機能走美型

小空間收納於機能考量之外，也需兼顧美感，亦即從公領域到私領域，皆能以一致的設計元素，完整呈現空間的美學調性。餐櫃以白色烤漆賦予潔亮光澤感，並以狹長零食收納櫃結合三層電器櫃，而上掀式門片更營造格狀線性律動，型塑櫃體幾何美學。主臥運用假柱，以立櫃抹平畸零邊角，中段開口 60×45 公分作為展示；方格狀的虛空間和上下門片深刻的十字溝縫，一如餐櫃線條律動，而內嵌投射燈，可賦予夜燈照明，亦可營造氣氛。

CASE 16
用恰到好處的收納成就清新質感宅

文｜Chloe Chen　空間設計暨圖片提供｜寓子設計

HOME DATA

★ **坪數**｜17坪
★ **成員**｜2大人
★ **使用建材**｜超耐磨木地板、進口系統櫃板材、鐵件、玻璃、木作噴漆

收納重點 |

A 玄關 | 轉角處規劃中空櫃與頂天收納櫃,提供充足收納機能,以牆面相似的門片消除櫃體感,不著痕跡地創造收納空間。

B 餐廳 | 擷取部分主臥空間規劃出小儲藏室,採斜面設計讓動線更流暢,並與餐桌旁的半開放式收納櫃整合。

C 書房 | 運用樑與柱產生的凹洞打造層板書架,不僅填補凹洞提升美感,再從層板延伸出書桌,創造實用的開放式書房。

D 主臥 | 考量到主臥坪數限制與出入動線,將衣櫃收納區整合規劃於同一個牆面,採封頂式設計,充分利用每一吋空間。

在僅有 17 坪的空間內，將主要收納區規劃於玄關轉角處，並透過退縮主臥隔間牆，打造對小宅來說極為實用的小型儲藏室。從懸空電視櫃到用餐區半開放式落地櫃，設計師選擇不把櫃體做大做滿，而是透過適度的留白，讓每個空間的櫃體都恰如其分地提供收納功能，搭配簡約、不繁複的配色與材質，讓空間更顯得清爽，絲毫沒有小宅的侷促感。

屋主喜歡綠色調與木材質，因此設計師選用超耐磨木地板搭配白色壁面與天花板，營造舒適無壓空間感，書房區與開放式收納櫃則局部使用嫩蘋果綠，製造跳色效果，也為居家注入自然清新氣息；以綠色收納櫃作為背景，搭配屋主喜愛的木質餐桌和有如一輪明月般的玻璃吊燈，成為一處美麗焦點；由於書房與餐廳區已採用嫩蘋果綠做跳色，為了避免在視覺上看來過於複雜，特別在電視櫃區維持適度的留白。選擇玻璃材質搭配木片滑門替主臥隔間，不僅節省牆面厚度，讓視野更有穿透感，同時引入自然光到書房區，使空間看來加倍明亮寬敞。

● 跳色收納櫃成為亮眼端景

餐桌旁的白色落地櫃，上方規劃為開放式，降低頂天櫃體壓迫感，再加上運用跳色手法，背板局部選用與書房區、主臥門片和斜面櫃一樣的嫩蘋果綠，不僅在視覺上更具連貫性，也成為空間中的美麗端景。下方規劃可放置生活雜物的門片式收納櫃，採用側拉櫃設計，不用為了拿取物品而移動餐桌，更利於使用。

● 適度留白型塑清爽無壓空間

電視牆面採用大面積留白牆面，配上簡約潔白的天花板，達到放大公領域效果，也讓整體空間顯得清新、無壓迫感。以實木貼皮與白色櫃體打造電視下方視聽設備收納櫃，搭配延伸到屏風的櫃體與展示架，為屋主提供合宜的展示兼收納區域。冷氣需有迴風空間，客廳天花板特別做斜面設計，符合實際需求也更具造型感。

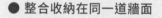

● 透光玻璃隔間放大空間感

客廳與主臥之間原本是開放式格局,設計師大膽地為主臥採用清玻璃搭配木片滑門的隔間,既能有效節省隔牆厚度,同時維持透光效果、保有視覺通透感,讓明亮的光線在客聽、書房與主臥之間自然流動,更加放大空間感;特別在內側玻璃隔間面設置窗簾,只要拉上簾子,便可擁有主臥隱私。

● 整合收納在同一道牆面

主臥坪數偏小,設計師將衣櫃收納統合規劃於同一道牆面,而且衣櫃做到頂,不但創造最大收納空間,櫃頂也因此不會積塵,易於保持主臥清潔。上方櫃體選用按壓式門片而非把手,提升實際使用的便利度。床頭牆面則挑選給人沉穩淡雅感受的淺棕色,與公共空間有所區隔。

挑對門片消弭櫃體量感

以化零為整的方式,將主要收納區規劃在玄關轉角處,一面是中空玄關鞋櫃,方便屋主放置鑰匙等隨手小物,也減緩頂天落地櫃的視覺壓迫感;另一面則是深度約 50 公分、收納空間充裕的頂天櫃,選用與牆面顏色相近的門片貼皮並採用無把手式設計,呈現猶如內嵌櫃般的收納牆,消弭櫃體量感,空間也更顯清爽。運用主臥隔間牆退縮後多出的空間,打造長、寬約 80 公分的小型儲藏室,讓屋主可將行李箱或吸塵器等大型用品收納於此;刻意採斜面設計避免影響動線,以凹槽代替門片把手並選用與主臥滑門同色系的門片,消弭櫃體的厚重存在感。

1

2

活用畸零空間填補凹洞區塊

客廳與主臥間原是沒有隔間牆的開放格局,為了幫喜愛閱讀的屋主規劃出書房與書籍收納區,向主臥跟客廳都借了一些空間,在半高沙發牆與主臥之間創造實用的雙人書房。利用樑與柱體產生的凹洞打造美觀與機能兼具的層板書架,滿足收納大量藏書的需求,再由書架延伸出長度 180 公分,深度 55 公分的雙人書桌,以同色系木作噴漆製作書架與書桌,用顏色輕鬆區隔出書房空間。考量到桌面深度比較淺,設計師貼心地為書房設置吊燈,無需擺置桌上型檯燈而佔據更多桌面空間;桌角特別採用斜邊設計,更利於進出後方主臥。

DESIGNER DATA

PSW 建築設計事務所
電話：02-2700-9969
Email：info@phoebesayswow.com
地址：台北市大安區安和路一段 127 巷 6 號 2 樓

一葉藍朵設計家飾所
電話：0935-084-830
Email：alentildesign@gmail.com
地址：台北市信義區虎林街 164 巷 19-2 號 1 樓

十一日晴空間設計
Email：TheNovDesign@gmail.com
地址：台北市文山區木新路二段 161 巷 24 弄 6 號

大秝設計
電話：04-2260-6562
Email：talidesign3850@gmail.com
地址：台中市南區南和路 38 巷 50 號

欣琦翊設計

電話：02-2708-8087

Email：chidesign7@gmail.com

地址：台北市大安區四維路 208 巷 16 號 4 樓

砌貳設計顧問工作室

電話：03-463-1872

Email：kgthdesign@gmail.com

地址：桃園區中壢區榮安十街 10 號 1 樓

晟角制作設計

電話：02-2302-3178

Email：shenga@ga-interior.com

地址：台北市萬華區柳州街 84 號 1 樓

寓子設計 UZ. Design

電話：02-2834-9717

Email：service.udesign@gmail.com

地址：台北市士林區磺溪街 55 巷 1 號 1 樓

DESIGNER DATA

湜湜空間設計

電話：02-2749-5490

Email：hello@shih-shih.com

地址：台北市信義區永吉路 30 巷 12 弄 16 號 1 樓

新域創作

電話：02-8509-8198

Email：newthinkingdesign@gmail.com

地址：台北市中山區明水路 397 巷 7 弄 88 號 1 樓

新澄設計

電話：04-2652-7900

Email：new.rxid@gmail.com

地址：台中市龍井區藝術南街 42 號 1 樓

爾聲空間設計

電話：02-2518-1058

Email：info@archlin.com

地址：台北市中山區長安東路二段 77 號 2 樓

築川設計

電話：02-2777-2178

Email：fundesign104115@gmail.com

地址：台北市中山區長安東路二段 246 號 9 樓之 3

國家圖書館出版品預行編目（CIP）資料

小坪數收納設計全書／東販編輯部作. -- 初版.
-- 臺北市：臺灣東販，2019.01
　208 面；18 × 24 公分
　ISBN 978 - 986 - 475 - 883 - 8（平裝）
　1. 家庭佈置　2. 空間設計

422.5　　　　　　　　　　　　　　　107020929

小坪數收納設計全書

2019 年 1 月 1 日　初版　第一刷發行
2019 年 12 月 1 日　初版　第二刷發行

編　　著	東販編輯部
編　　輯	王玉瑤
採訪編輯	Chloe Chen・Eva・Jenny・王玉瑤・陳佳歆・ 陳婷芳・邱建文
封面 · 版型設計	謝捲子
特約美編	蘇韵涵
發 行 人	南部裕
發 行 所	台灣東販股份有限公司
	地址　台北市南京東路4段130號2F-1
	電話　〔02〕2577 - 8878
	傳真　〔02〕2577 - 8896
	網址　http://www.tohan.com.tw
郵撥帳號	1405049 - 4
法律顧問	蕭雄淋律師
總 經 銷	聯合發行股份有限公司
	電話　〔02〕2917 - 8022